Ⓢ新潮新書

村山 司
MURAYAMA Tsukasa

イルカと心は通じるか

海獣学者の孤軍奮闘記

923

新潮社

イルカと心は通じるか　海獣学者の孤軍奮闘記◆目次

7　失業生活と「たけしの万物創世紀」　117

8　神経質なイルカ、ダンディなイルカ　125

9　実験に飽きられたら、どうするか　151

シロイルカのナック、これは思い切り怒っている顔。鴨川シーワールドの人気者は、三十余年の研究を共にする「マイドルフィン」でもある

はじめに――研究すれば、イルカと話せる

銀座から晴海通りをまっすぐ海のほうに向かうと勝鬨橋《かちどき》に行きつく。橋の真ん中あたりに立って隅田川の川下を眺めると、手前の築地市場ごしに、はるか遠くに東京タワーが見える。むろん、今はすでに築地市場はなくなり、その風景は二度と目にすることはできないが、それでも、ここからの眺めが大好きである。

もちろん、それには理由がある。

日本には水産業として捕鯨があるので、それに関連した研究分野は昔から研究者も多く、レベルも高い。しかし、イルカの行動とか、知能とか、会話など、人間生活やヒトの福祉にはすぐには役立たないような研究は見向きもされない。

昔からそんな状況であったので、大学（学部）でも、大学院の修士課程でも「イルカの知能の研究をしたい」と言っても先生方からは断られるばかり。変わり者と思われ、

相手にされない。博士課程に進学するときもいろいろな研究室を回ったが、やっぱり誰にも首を縦に振ってもらえない。

そこで、最後に訪れた研究室でこう言い放った。

「わかりました。そんなに誰も教えてくれないなら、私、自分でやりますから」

「私」のあとに、一呼吸あった。誰もイルカの研究の指導をしてくれない。ならばと、最後に自分で決断して出たのがこのことばだった。

こうして大学院の博士課程になって、博士論文のテーマとしてイルカの研究を始めた。独学である。所属は東京大学海洋研究所（現・大気海洋研究所）漁業測定部門。そこが私のイルカ研究の黎明の場所となった。

新宿にほど近い場所。東京都庁がまだ建設中で、研究所の屋上から眺めた都庁の工事の明かりがきれいだったころだ。

そもそもイルカというのは、研究対象として気の毒な動物である。水産・海洋系の分野には魚類や無脊椎動物が専門の人が多く、「イルカはゾウやライオンを研究するのと同じ」と言って取り合ってくれない。年配の水産学者にはクジラ嫌い・イルカ嫌いの人もいた。では、理学の分野はどうかというと、「食料だから水産でしょ？」と、やはり敬遠されてしまうのだ。

こんなふうに、イルカやクジラはたらいまわしにされてきた。私の研究の指導者がいないのには、イルカがそうした「居場所」のない動物ということが背景にある。

さて、独学を決意した博士課程では、まず視覚の研究から始めようと考えていた。しかし、インターネットもメールも何もない時代。ろくに情報もないし、何から始めていいかもわからない。

そこで、当時、隅田川沿いにあった水産庁水産工学研究所（通称、水工研。現在は「水産研究・教育機構水産技術研究所環境・応用部門水産工学部」）を訪ねた。

ここは、当時国際問題になっていた、イルカが流し網という漁網に絡まる「混獲」を防ぐため、イルカの音響特性を調べて混獲回避の音響学的な技術開発の研究をしていた。日本にはほかにも鯨類を研究している研究機関はあったが、生きたイルカを相手に行動実験のような研究をしていたのはここだけだった。

訪ねたのは魚群制御研究室。古びた建物の奥にある研究室でこれまでの道のりを振り返りつつ、自分の想いの丈を語ると、

「視覚の分野なら一緒にやりたいですね」

当時の室長の畠山良己氏から笑顔で言われたこのことば。たぶん、一生忘れられない笑顔とことばだと思う。このとき初めて「味方」に出会えた気がした。

「これで本当にイルカの研究ができる」

その帰り道に眺めた夕刻の勝鬨橋からの風景、それが一番好きな景色になった。


私は動物が苦手である。小さいころにイヌにかまれた。

自分の両側が水という状況もこわい。子どものころに近所の貯水池の上にかかった細い通路から落ちたことがトラウマになっている。

乗り物も得意ではない。バスはできるだけ一番前の席に座るようにしている。自分で車を運転していて酔ったことが二度ほどある。

しかし、なにより船に一番弱い。遊覧船や捕鯨船の映像を見ているだけで気持ち悪くなる。乗ってもいないのに船酔いしている。されば大きな船ならだいじょうぶかと思いきや、以前、講演でクルーズ船「飛鳥」に乗ったら、出港とともに船酔い。船医さんに酔い止めの注射を打ってもらい、ふらふらになりながら講演した。

船は大小かまわずだめである。船に乗れない海洋生物学者は、カレーの嫌いなインド料理店店主のようなもの。ついでに言うなら、飛行機も怖い。金属の塊が空を飛ぶことにどうしても慣れない。

こんな私が、なぜイルカの研究をすることになったのか。

それは高校一年のとある日、何気なくテレビで見た「イルカの日」(一九七三年公開)という映画だった。

フロリダの海に浮かぶ孤島で、財団に雇われた研究者がイルカにヒトのことばを教えている。ストーリーは、そのイルカが大統領の暗殺に利用されてしまうというSF的なものだったが、イルカとヒトが会話しているシーンに衝撃を覚え、くぎ付けになった。

「そうか、研究すればイルカと話ができるんだ」

すべてはそこから始まっている。たまたま見たこの映画によって「イルカと話したい」という夢が決まった。少し安易な気がするが、案外、「夢」ってこんなふうに決まるんじゃないだろうか。

ちなみにこの映画は、今でも必ず私の研究室に来た卒論生には見せている。二年に一人くらい、なぜか女子学生が泣く映画である。

こうして映画で決めた研究は、飼育されているイルカを対象とする。だから船に乗る心配がない。思う存分、研究ができる。しかし、そう簡単に話はすすまない。

「イルカなんて、変わってるね」

「そんな研究して何になるの」

東北大学での卒論はグッピーの近親交配の話だし、東京大学での修士課程ではハゼの産卵と成熟がテーマであった。

しかしいつまでもこれではイルカの研究はできなくなると思い、博士課程に進む前に一大決心をしたのは前述のとおり。指導教官は人工知能の先生で、イルカのことは専門外だったので、自分で研究計画を立て、実験場所を探し、挨拶とお願いに行き、終われば自分で報告に行く……そんな繰り返しだった。

博士論文は章ごと内容ごとに、それぞれ大学も動物もちがう専門家の門をたたいた。眼の章ではサカナの視覚の先生、脳波の解析については獣医の先生、そして識別の行動実験では霊長類の大家を訪ねた。しかるべき後ろ盾も何もなかったので、どこに何をしに行くにも、信用は自分で作っていくしかなかった。でも、やり甲斐はあった。

そして水族館のイルカを使った研究に浸って三十余年。たいへんだけど、苦痛ではない。

私は動物が苦手だと言ったが、水の中のものは別。そしてイルカは特別。海にもイルカはいるけれど、飼育下のイルカとの大きな違いは動物との「距離」である。手の届かないはるか遠くの大海原を泳ぐイルカではなく、眼の前にイルカを見ながら、呼吸の息づかいを浴び、なでて、さわっていろんなことを発見した。こうした距離の近さがたくさんのことを気づかせてくれた。

実は、私は高校を転校したため、「生物」をちゃんと習うことができなかった。転校前の高校では「生物は来年から」だったし、転校先では「生物は去年終わって」いた。またこれも転校のせいだったのか、高校三年では文系クラスだった。大学受験科目は「物理」「地学」だったが、これらの科目も数学も、文系の内容しか知らない。

こういう経歴であるので生物にはコンプレックスがある。でも、だからこそ研究がおもしろかったのだと思う。習っていないのだから、何にも知らない。だから、次はなんだろう、これはどうなるんだろうという好奇心が深まった。

敷かれていないレールを自分で敷きながら、長く研究が続けられたのは、きっと生物を何も知らなかったから。知らないということは楽しいこともある。

すべてはイルカに教わった。本書はそんな物語である。

1　イルカは案外、変な顔立ち

かわいくて、おいしくて、賢い

「イルカ」といって思い浮かぶことはどんなことだろう。

まず「かわいい」。これは多くの人に賛同してもらえそうな気がする。

姿や形、鳴音《めいおん》、ちょっとしたしぐさ……そんなものが「かわいい」。しかし、正面から顔をよくながめてみると、口は大きいし、眼は顔の端っこギリギリにあるし、突き出た吻《ふん》もあるなど、実は、案外変な顔立ちをしている。

ちなみに、イルカの出す鳴音（イルカには声帯がないので「声」とは言わない）は、ヒトの耳に聞こえる音から超音波まである。音を出すとき口が開くことがあるが、音は口からではなく、頭部にある呼吸孔の奥から出ている。

次は「おいしそう」。これは少なからず異を唱える人がいるだろうが、年配の人には結構受け入れてくれる人もいるはずだ。日本は捕鯨の国であり、古くから貴重なタンパク源としてのイルカがいた。昔からイルカ漁をしてきた地域では「イルカを食べないと正月が来た気がしない」という話を聞いたこともある。

さて、イルカで思いつくことの三番目。それは「賢い」ということだ。かつてはそれがイルカのイメージとしてふつうだったし、イルカと言えば「賢い」と言われたものだった。しかし、最近はこちらから言い出さないとそういう印象を口にする人はほとんどいない。理由は簡単。賢いイルカを見たことがないから。どこが、何が賢いのかを知らない。だから印象が薄い。

イルカって本当に賢いのだろうか。

賢さとは知能のこと。本書ではそんなイルカの知能の話をしたいわけである。

しかし、そもそも「知能」とはなんだろう。それが実ははっきりしない。

知性や知能については、哲学の分野では「知・情・意」といったとらえ方があり、心理学では認知、学習、判断などなど多岐な項目がある。また、生物学的には知能とは情報処理のしくみそのものと考える向きもある。

見方や立場によってさまざまなとらえ方があるが、明確に決めつけることはできないものの、知性や知能とはなんとなくヒトの心の動きであることはわかる。

これが、動物の「賢さ」となるとさらにことばで説明することがむずかしくなる。しかし、たとえば家でペットを飼っていれば、自分で部屋のドアを開けて出ていくネコを賢いと思うだろうし、また、以前話題になった、公園の水道の蛇口をくちばしでひねって水を飲むカラスをやはり賢いと感動するはずである。

つまり、ヒトと同じことをすれば、私たちはその動物を賢いと思う。とすると、イルカにはそんな賢さがあるだろうか。

重たい脳に秘められたもの

イルカの賢さを調べるにはどうしたらいいだろう。

知能の定義はさまざまでも、その発信源は脳にまちがいない。ならば、脳の特徴を調べたらいいのだろうか。

イルカの脳は眼のやや後ろのところにあって、横長の形をしている。ヒトをはじめとして、多くの脊椎動物の脳は縦長だが、イルカの脳は横に広がっているのだ。これは、胎児のころは縦長だったのが、口先の吻が形成されるのにつれて前後方向に圧迫された結果、横に広がっていくためらしい。

また、イルカの脳は大きくて重いことも知られている。他の動物と体長をそろえて比較すると、イルカの脳はヒト並みの重さがある（ヒトの脳は約一四〇〇グラムで、よく水族館でショーをしているバンドウイルカは約一五〇〇グラムある）。

しかし、身体が大きければ脳は必然的に大きく、重くなる。だから脳の重さは賢さの序列を表しているとは言えなそうだ。では、その重さの体重に占める割合にすれば何か知的さの序列がわかってくるのだろうか。

脳の体重に占める割合についてはいくつかの指標があるが、いずれの指標でもイルカはヒトに次ぐ順位になっている。しかし、これでイルカがヒトに次いで賢いと言えるかというと、そう簡単ではない。脳の中で知的特性に関与している部分がどのくらいあるのかがわかっていないので、単純に脳の重さの体重比を考えてもあまり意味がなく、知能の序列付けにはならない。

イルカの脳の表面にはたくさんのシワがあり、これもヒト並みくらいある。シワが多いと賢いとよく言われるが、それはシワが多いと表面積が大きくなり、そこに分布している神経細胞が多くなるからという理屈。神経細胞が多いほど複雑にネットワークをして、さまざまな知的作業をしているはず、ということである。

推定ではイルカの神経細胞の数は、ヒトの神経細胞の数（約一四〇億個）よりも多い（一〇〇億～二〇〇億個）とされている。

ところで、イルカの脳はどうして大きいのだろうか。

片脳ずつ寝る

イルカの脳は、まず、進化・適応の歴史の中で「エコーロケーション」という能力を身につけたところで飛躍的に大きくなったらしい。

エコーロケーションとは超音波を発して、反射してきた音を聞いてその物の大きさ、形、材質、距離などを知る能力のことで、魚群探知機や潜水艦のソナーのようなものである。イルカが水中生活に移行して、身体からよけいなものがなくなったおかげでボディーランゲージなどで情報を表現できなくなり、その代わりに音による情報伝達の機能を獲得した。そうして行動も多様になり、大脳がどんどん大きくなっていったというストーリーである。そしてその後、群れをつくるようになったところで、脳はまたさらに大きくなったとされている。

ところで、ヒトは寝ると夢を見るが、イルカは夢を見ないらしい。夢を見るときの睡眠はREM睡眠と言われるが、イルカにはこれがない（見つかったという報告もあるようだが）。イルカの脳はもともと片脳ずつ寝ている（半球睡眠という）のだから夢を見ようがない。

イルカは夢を見ないから、脳が大きくなったのかもしれない。夢にはその日に起きた記憶や意識を整理する役割があるとされている。

気に入ったドラマや映画はつい録画してしまうが、たまった録画はそのままにすると容量の大きなハードディスクに買い替えていかなければならなくなる。しかし、ときどきこまめに見たり整理したりしていれば、大層なハードディスクはいらない。

イルカの脳もこれと同じかもしれない。夢を見ないイルカは、たまった記憶を夢を見ることで整理することがないから、その結果、脳が大きくなったということかもしれない。

もちろんそんなことは確かめようもないが、もしその通りなら、その巨大な脳にはどんな物語が秘められているのだろう。

しかし、イルカの脳の特徴から想像できることはここまで。いくら脳が大きく、重く、しわくちゃでも、その中身、つまりどのくらい賢いのかはわからないのだ。

いくら排気量の大きい車でも乗り心地は乗ってみなければわからないし、パソコンの基板にはＩＣチップなどが複雑に所狭しと並んでいるが、立ち上げてみたら案外遅かったということもよく経験する。

イルカの脳も同じ。脳は「部品」であるので、部品をいくら眺めても賢さは見えない。脳を解剖してピンセットで「これが知能か」とつまめるものでもなく、顕微鏡で知能の細胞が見えるわけでもない。それは動かしてみて初めてわかることである。

つまり、行動させて初めてその動物の知的さを検証できる。

エコーロケーション

では、イルカはどこが賢いのだろう。それをひとつひとつ紹介していたら、もう一冊本が書けてしまうので、ここではほんのさわりだけにしておく。

イルカの感覚や知的な特性については一九七〇年代から研究されており、それは主に「エコーロケーション」と「コミュニケーション」に大別できる。

エコーロケーションをしている動物はコウモリが知られているが、ヒトだって似たようなことはできる。たとえば、目をつぶって手をたたくと、その反響から何となく部屋の大きさを感じるし、缶をたたいた音から空き缶なのかどうかの見当もつく。

もちろんイルカのエコーロケーションの精度はそんなものではない。

エコーロケーションの研究はハワイにあったアメリカ海軍の研究所の成果がよく知られており、そこでは性能や特性が調べられた。それによると、たとえば一一三メートル先の七・六センチの金属球の存在を把握したり、物体の厚みの差をわずか〇・三ミリまで識別できたりしたほか、鉄とアクリルといった材質の違いもわかるという。そしてなぜ認識できるのか、その音響特性も詳しく調べられている。

ほかにもエコーロケーションによって、対象物の面積、形、距離、動く方向なども把握できる。とてもヒトはここまではできない。

さらに近年は、エコーロケーションの生態での使い方を探る研究が多くなった。たとえば、イルカはいつもエコーロケーションをしているわけではなく、さぼるイルカがいたり、他のイルカのエコーロケーションをちゃっかり利用したりするものもいる、といった具合である。

では、コミュニケーションはどうだろう。

これまで世界中の海でイルカの行動観察が行われてきた。その結果、イルカたちは狩りをするときにお互いに協力したり、別の場所で練習をしてから本番の狩りに臨んだり、はたまた囮を使った戦略や待ち伏せのような行動をしたりすることがわかった。

また、イルカ同士が「同盟」を結ぶこともあれば、母イルカに代わって乳母役をするイルカがいたりするという利他行動もみつかっている。

こうしたとき、さまざまなパターンの鳴音が盛んに交わされていることが多く、きっと何かコミュニケーションをしているに違いない。そんな現象が人々をイルカの音によるコミュニケーション研究に惹きつけてきた。しかし、音でコミュニケーションをしていることを示す直接的な証拠はまだ得られていない。

こうしたさまざまな知的な行動の礎にはイルカの基礎的な認知能力がある。

「マネしなさい」がわかる

たとえばイルカは短期記憶や作業記憶に優れているが、途中でよけいな刺激をふきこまれると記憶が邪魔されたり、長いものを覚えるときにはあとのものほど記憶がよいなど、ヒトに似た記憶のしかたをしている。長期記憶は検証が難しいが、特定のシグニチヤーホイッスル（後述）を数年間記憶していたという報告がある。私も調べたことがあり、実験で教えた複雑な課題を何か月も覚えていた。

「概念」についても研究成果がある。たとえば図形や立体を「同じ」ものと「違う」ものに区別できる。また、「数」もわかるが、さらに「より多い」「より少ない」という相対的な多寡も理解できる。大きさについても「より大きい」「より小さい」といった相対的な関係がわかるし、音では「高い」「低い」といった分類ができる。

また、イルカたちは鏡を見てそこに映っているのが自分自身であることも知っている。

イルカの知的特性を示すものはほかにもまだまだある。しかし、チンパンジーやオウムも数はわかるし、順序がわかるマウスもいる。「同じ」と「違う」を区別できるハトもいるし、チンパンジー、ゾウ、トリやサカナの仲間までも鏡の像を自分自身と理解できる。また、いじめられたふりをして母親の同情をかうヒヒもいる。ササゴイは食べ物や小枝を使って狩りをするし、モネとピカソの絵を見分けるハトもいる。

このように、部分的にはイルカ以外の動物にも知的能力がみられる。

しかし、イルカの賢さを何より象徴しているのは彼らの言語理解能力である。

ハワイ大のL・M・ハーマンの研究によると、イルカはヒトが呈示する二〇〇〇を超える文を理解する。目的語や修飾語を含んだ、四つも五つも単語が並んだ複雑な文を出されても、意味通りに正しく行動する。また、時空間的に離れた事象も報告できるなど、イルカはヒトの言語を定義している機能のいくつかを理解できる。

文が理解できるので、ハーマンはそれを利用してさらに高度な認知能力を調べた。たとえば、「マネしなさい」という指示を出すと、ヒトが歩いたり寝そべったりする行動をそっくりマネする。ヒトの動作を模倣するのはほかの動物には見られない。また、モニターの映像を実物と同じように理解し、映像の中で出された指示通りの行動をする。さらに、「ボールに自分の尾で触れなさい」といった指示にも正確に行動ができる。「自分自身」というものを、直接、認識している証拠である。

「二頭で協力して、新しい行動を創造しなさい」

ハーマンがこんな指示を出したところ、二頭のイルカが揃って今までやっていなかった行動を披露した。すごい、すごい。

もちろんイルカに秘められた知性はこれだけではない。解明されていない謎多き部分がまだまだ残っている。私の研究はそんな部分を追究することである。本書の後半ではそんな話にふれることにする。

研究されている動物「御三家」

少し独断かもしれないが、広く世界を見まわすと認知や知的さについて研究されている動物の「御三家」は霊長類、鳥類そして小型ハクジラ類、つまりイルカ類である。

日本ではどうだろう。

ヒトは霊長類なので、ヒトの起源とかヒトの進化とかを考えるうえでは霊長類を研究する意義はわかりやすい。日本でも研究者は多い。

鳥類はどうかというと、日本では古くからトリとは日常的なつながりがある。春にはトリがさえずり、初夏にはツバメが飛び、そして冬は渡り鳥がやってくるといった風物詩があるし、俳句や文学の世界でもさまざまにトリが登場する。また、トリによる農作物の被害も深刻な問題である。このようにヒトとトリのつながりを示す事柄は枚挙にいとまがない。つまり日本では鳥類は身近な動物で、研究分野も多岐にわたり、研究者も多い。

さて、ではイルカはというと、認知の研究者はほとんどいない。理由は簡単で、イルカは身近でも何でもないから。ヨーロッパではイルカを神聖視していた歴史があるのでイルカという動物を受け入れやすい流れがあるように思うが、日本はそういうこともない。進化の過程も全然違うし、イルカで季節を知ることもない。日本ではイルカは最初からハードルが高い動物でもあるが、実はイルカの知的な特性にはヒトと共通するところ、あるいはヒト並みなところがある。

暮らしているところはもちろん、進化の過程も生態も何もかも違うのに、なぜ賢さには共通する部分があるのか。それがふしぎであるし、それが研究する意義である。形態、生理、生態に加えて、複雑な社会性を反映した認知機能を知ることで、イルカという動物への理解が深まることを期待している。

しかし、どんな研究でもそうであるが、ひとりで何十年やってもわかることは微々たるものだ。特に「知的特性」のような形のないものほど、手間もヒマもかかる。それには覚悟がいる。けれど、コツコツと解明した賢さを礎として、「イルカと話す」という夢をめざしてきた。

それに、こういう研究をしていると講演やテレビでイルカの知能の話をすることがあるが、それなりに手ごたえを感じることが少なくない。イルカの「賢さ」を知りたい人は本当はたくさんいるはずだ。

まずはイルカとは何か、ヒトとイルカの出会いを紐解くことから始めたい。

これまでイルカという動物はどのように捉えられ、どんな感情で見つめられてきたのか、そんなイルカ観に目を向けてみたい。

2　陸から海に戻ったイルカたち

平均水深三八〇〇メートル

海は広い。地球の七割が海なのだから、それは当たり前である。また、海は深い。平均の水深は三八〇〇メートル。富士山を逆さにして海に沈めたほどの深さが「平均」である。ちなみに、日本で最も深い湾として知られる駿河湾でも最深は二五〇〇メートルほど。平均にも及ばない。

陸上であれば生き物が暮らせるのはせいぜい五〇〇〇メートルくらいまで。しかし、高いところにいるのはほとんど植物で、動物は一〇〇〇メートルほどの高さまでに密集している。

これに対して、海は一万メートルを超す深さのすべての空間に生物がいる。ざっと陸上の一〇〇倍もの生息空間があることになる。

そんな海にはさまざまな生き物が暮らしている。

地球上の生物の八割の「種」は陸上生物であるが、姿・形の大きく違う動物は海のほうが多い。厳密にいうと、動物の分類の最上位の区分である「門」では、たとえばヒトは脊椎動物門、タコは軟体動物門のように、「門」が違うとからだつきがまったく変わってしまう。その「門」の数は海洋生物のほうがはるかに多い。つまり、それだけ海にはバラエティに富んだ生物が多いというわけである。

そんな海の生き物たちは地球に誕生以来、さまざまな生命の営みをくりひろげてきた。あるものはそのまま海にすみ続け、またあるものは水から出て陸上で進化を遂げた。しかし、なかにはせっかく何億年もかけて海から陸へあがったのに、わざわざまた海に戻っていったものがいる。そのひとつがイルカたち、鯨類である。

イルカは哺乳類なのにすっかり水棲生活に適応している。泳ぎも上手だし、潜水も得意である。魚群探知機のように音波で獲物を見つけることだってできる。そして、進化や系統発生の過程もヒトとは大きく違うのに、その知的特性にはヒトにも近いものがある。

イルカはふしぎな動物である。

ヒト、イルカと出会う

そもそもヒトはいつイルカと出会ったのだろう。

イルカと同じ仲間にクジラがいるが、イルカやクジラ、すなわち鯨類の祖先がこの地球上に現れ、水中生活を始めたのは今から約五五〇〇万年前のこと。そのころは霊長類の祖先が誕生して間もないころで、ヒトはまだこの世に影も形もなかった。私たちヒト（ホモ・サピエンス）が地球上に姿を見せるのは、今から数十万年前。だから、ヒトが初めてイルカと遭遇したのは、イルカが海のなかで暮らし始めてからずっとあとのことである。

ヒトがイルカとクジラのどちらと最初に出会ったのかはわからないが、しかしそれは偶然だったはずである。ちょっとクジラとの出会いを想像してみよう。

海辺に何か大きなかたまりが打ち上げられている。見たこともない巨大なもの。これは何だろう……初めてクジラに遭遇したのはこんな光景だったかもしれない。

打ち上がったその巨大なものはなんだか生き物らしく、身体を占めるあり余るほどの肉は食べることができ、貴重な食料になったはずだ。また、身体を取り巻く豊富な脂肪に由来する大量の油にも人々は喜んだに違いない。その油は燃料やサカナなどの獲物の味つけとして使われることとなった。

さて、そのように突如座礁して現れるクジラを、人々は神からの贈り物として喜び、神に感謝した。日本では古くから「寄りクジラ」と呼ばれていたことが知られる。クジラから肉や油を手に入れた人々は、最初はクジラがまた打ち上がることを待ち望んだに違いない。しかし、陸地でただ待っているより、海に出かけていったほうがはやいと考えるのは自然なこと。まだあまり技術もない時代から、粗末な船を仕立てて、危険を顧みずクジラやイルカを求めて繰り出していったはずである。

捕鯨はおそらくそんなふうにして始まったのだろう。

北ヨーロッパはノルウェー北部のレイクネスにクジラの描かれた壁画がある。岩肌に刻まれた岩面陰刻画(ペトログリフ)で、そこにはクジラのほかに有蹄類の動物も描かれている。紀元前五〇〇〇年くらいのもので、これが世界最古のクジラの描かれた遺跡とされる。

ギリシャ神話では「ヒトだった」

イルカはどうかというと、同じくノルウェーのロドイという町にイルカの描かれた壁画がある。これも岩肌に描かれた線画で、かろうじてイルカとわかる。ノルウェーという地域から推察して、描かれているのは寒冷性のネズミイルカと考えられている。紀元前三〇〇〇年ごろのものと推定され、イルカを描いた遺跡としては世界最古であり、このころまでにヒトとイルカは出会っていたことになる。

ちなみにノルウェーにはほかにも岩壁画があり、さらに北ヨーロッパ、シベリア、アラスカなどにも分布がみられる。いずれも狩猟、漁撈《ぎょろう》の様子が描かれており、極北美術と称される。

しかし、神話や説話の世界をみると、年代も定かではない神代の頃からヒトとイルカは出会っていた。というより、ヒトとイルカは「出会う」どころか、イルカはもともとヒトだったらしい。

ワインの神であるディオニュソスがあるとき海賊に襲われ、船上で命を奪われそうになった。怒ったディオニュソスは船をぶどうの蔓でいっぱいにし、恐れをなして海へ逃げこもうとする海賊たちをみなイルカにしてしまったのだ。イルカはこのとき生まれたものだと伝えられている。

イルカは他にも古代の神話や説話の世界ではたびたび登場する。

たとえば有名なアリオンの伝説では、吟遊詩人のアリオンがシシリー島で行われたコンクールで優勝し、その賞金や賞品を積んで船に乗り込んだところ、海賊に襲われ、殺されそうになった。そこで海賊に「最後に一曲だけ歌を歌わせてほしい」と願い、船上で歌を歌ったところ、どこからともなくイルカが船の周りに集まってきてアリオンの歌に聞き惚れていた。歌い終わったアリオンが海に身を投げるとそのイルカたちがアリオンを救い、岸まで送り届けたという話である。

あるいは、海の神ポセイドンは女神アムピトリーテーに恋をし、求婚したが、それを断られてしまった。アムピトリーテーはポセイドンを避け身を隠してしまったが、それをイルカが見つけて、説得してポセイドンの前に連れてきて、ポセイドンは結婚することができた。その褒美としてイルカは空の星座として天へ上ることがゆるされ、イルカ座として今も天空に輝いている（ペガサス座の右手、白鳥座の下にある）。

イルカを英語で「ｄｏｌｐｈｉｎ」というが、その語源も神話が語っている。

古代ギリシャの「デルフォイ（デルフィ）の神殿」の「デルフォイ（デルフィ）」もイルカを意味することばである。「デルフィ」は子宮を意味するという説もあり、子宮は生命を生み出す特別な場所と神話では考えられていた。イルカと子宮とが同じ語源であるとすると、古代ギリシャの世界ではイルカは生命の象徴のような存在として考えられていたということだろうか。

ギリシャ神話だけでなく、ほかにもヨーロッパの神話にはいくつもヒトとイルカの逸話が出てくる。中にはイルカに助けられたという話もあり、イルカとの友情物語のような逸話もたくさんある。

また、イルカはヨーロッパの宮殿の壁画や陶器に描かれたり、印章に刻まれたり、あるいは各地のコインの図柄になったりと、伝説ばかりでなくさまざまな造形物として、現代に遺されてきている。

このように古代ヨーロッパではイルカは聖獣であり、また、海を象徴する動物でもあった。こうした神話や伝承の中でイルカは擬人化され、人々の暮らしの中で愛されてきたのである。

古代の神話の海で遊弋するイルカたちの姿がうかんでくる。

アリストテレスの確かな眼

しかし、古代ギリシャには確かな科学の眼もあった。

ギリシャの哲学者アリストテレスは自然科学に造詣が深いことで知られ、特に動物に関する体系的な研究は秀逸で、さまざまな動物について詳細な記述を残している。

アリストテレスは紀元前四世紀の人物であるが、その著書「動物誌」は現代語にも訳されている。そこでは無脊椎動物から脊椎動物まで、また、陸の生物から海の生物まで、ひじょうに幅広く、膨大かつ詳細な観察・研究が行われ、その記述は実に正確で、目を見張るものがある。そしてイルカもそこに登場している。

アリストテレスはすでにイルカが哺乳類であること、温血動物であることを知っていたし、ヒゲクジラとハクジラの違いから身体のさまざまな特徴までも理解していた。さらにイルカの行動から「心優しき動物」といった表現でイルカを評価している。世界で最初にイルカの知性に気づいたのはアリストテレスということになる。はるか太古の時代にギリシャ神話の舞台の地で、科学の眼でイルカを見ていた事実がある。

ただ、残念ながら、せっかくアリストテレスがイルカを哺乳類と記したのに、その後、紀元一世紀のプリニウスの「博物誌」でイルカはサカナ扱いされてしまう。イルカが再び哺乳類の仲間に戻されたのは一八世紀になってからである。

勇魚〈いさな〉、神魚〈かみよ〉

さて、では日本人はいつイルカと出会ったのか。

古くは万葉集に「勇魚《いさな》とり（鯨捕り）」が海、浜などの枕詞としてたびたび詠み込まれている。これがクジラのことかイルカのことかははっきりしないが、イルカに特定した話となると、古事記に福井県は敦賀という地名の語源の話の中でイルカが出てくる。

その後の時代でも風土記、平家物語、太平記などにイルカの話は見られるが、しかし、こうした文学作品でもイルカの話は数えるほどしか出てこない。

ヨーロッパでは神話や神代の頃の話として、神と隣接した関係でイルカがあまた登場するのに対して、日本の神話や伝説、あるいはその後の文学作品ではイルカの話は圧倒的に少ない。ヨーロッパのイルカ文化とは対照的である。わが国ではあまりイルカに関心がなかったとしか思えない。

その一方で、日本人も古くからイルカを獲って生業としていたことが知られている。日本最古のイルカ漁の遺跡は今から約五〇〇〇年前の縄文時代の真脇遺跡（石川県）で、カマイルカなどの骨が出土している。また、イルカの骨を用いた祭祀も行われていたようで、イルカが生活に深くかかわっていたことがうかがわれる。ほかにもイルカの骨が出てくる遺跡が各地にある。

また、一部にはイルカを信仰の対象として祟りを恐れたり、「神魚《かみよ》」と呼んで崇めた人々もいたし、イルカは沖からサカナを追い込んできてくれるありがたい生き物と思う人々もいたようである。なお、現代では、イルカは網にかかったサカナを横取りしたり、イルカが来ると獲物が逃げるということで、漁業者からは厄介者に思われている。

このように、日本人にとってイルカは、漁業とは関係ない意味で祀られたものもあるが、やはり「食」としてのつながりが強かったと言えそうだ。

3　イルカとクジラは何が違う？

近縁はカバだった

インターネットやＳＮＳが隆盛する昨今、イルカは誰もが知っている動物と思っていたが、案外、そうでもない。

「頭の上の穴は何ですか？」

「あの穴はどのイルカにも開いているんですか？」

「呼吸孔は何のためにあるんですか？」

そんなことを聞かれることもある。

また、水族館に来た人のなかにもまれにまだイルカをサカナの仲間と思っているような会話をしているのを耳にすることがあるし、サメとの区別もあやふやなこともある。

さて、鯨類にはイルカとクジラがいる。そもそもクジラとイルカとは何か、また、何が違うのか、お話ししていこう。

実は「クジラ」も「イルカ」も俗称で、定義も違いもはっきりしない。

生物学的に言うと鯨類は正確には「鯨偶蹄目」という分類になる。もともと鯨類の祖先は陸上で四足歩行をしていた肉食動物だった。しばらく前までは「メソニクス」という動物が祖先だったとされ、イルカやクジラのことが書かれた本にはたいていそう載っていた。私も講義や本などでずっとそう紹介してきた。

それが近年、分子生物学の発達によって生化学的な手法で鯨類の祖先探しが行われるようになり、その結果、鯨類と最も近縁な動物は偶蹄類のカバであることが明らかとなったのだ。

偶蹄類とイルカをつなぐ特徴を持つ化石も見つかり、現在では鯨類の分類は「鯨目」に代わって「鯨偶蹄目」とするのが優勢である。メソニクスは全然関係ないことがわかり、おかげで最近のイルカやクジラの本にはさっぱり出てこなくなった。私も「前までは鯨類の祖先はメソニクスと言われていたが、今は違う……」と言い訳口調で説明をするしかない。

さてその鯨偶蹄目のなかで、鯨類に関しては口の中の摂餌のための器官の違いで「ヒゲクジラ亜目」と「ハクジラ亜目」に分かれる。「ヒゲクジラ亜目」は口の中にツメと同じ成分でできた薄い板のような「ヒゲ板」が生えているグループで、これには地球上最大の動物であるシロナガスクジラとかホエールウオッチングでおなじみのザトウクジラとか、大型の鯨類がおもに含まれる。

一方、口の中に歯が生えているのが「ハクジラ亜目」。こちらには四角いおでこをしたマッコウクジラや白黒ツートンカラーのシャチ、そして本書の後半で登場するシロイルカなどがいる。このハクジラ亜目（類）のうち、成獣の身体の大きさがおおむね四〜五メートルよりも小さいものを「イルカ」と俗称している。つまり「イルカ」という呼び名は生物学的に定義されたものではなく、慣例的・便宜的に呼ばれているだけなのである。したがって、科学的にどの種が「イルカ」で、どの種が「イルカではない」と決まっているわけではない。

では「クジラ」とは何か。実はこれがさらにややこしい。「イルカ」以上に正確な定義がない。「イルカ」以外のものを「クジラ」と呼べばいいのだろうか。かつては「バンドウイルカというクジラ」のように、イルカのこともクジラと呼ぶ年配の方もいて混乱もあった。

最近よく使われる言い方は「身体の大きなものがクジラ、小さいものがイルカ」というもの。確かにヒゲクジラの仲間はみな身体が大きく、和名も「○○クジラ」というものばかりだし、ハクジラも小さなものは「イルカ」と呼ばれるのだから、そう考えるとこの言い方にも一理ある。今はその分け方に落ち着いている。ただ例外もある。シャチはどっち？ オキゴンドウは？ シロイルカは身体が大きいからクジラ？ 原則だけで分けきれず、やっぱりなかなかわかりにくい。

海から川まで、全八九種類

そもそも鯨類ってどのくらいの種類、いるのだろう。

まず鯨類は全部で八九種前後が知られている。そのうち一四種がヒゲクジラ類で、残りの七五種前後がハクジラ類である。

また、アマゾン川、ガンジス川、ラプラタ川、インダス川といった河川に生息しているものもいて、それらはカワイルカ類とまとめられる。しかし、中国の揚子江（長江）に棲んでいるヨウスコウカワイルカは何年も目撃がなく、絶滅したとされている。

さて、上述したように、そんな鯨類の祖先は、かつて四足歩行をしていた肉食の陸棲動物であった。

今から約三六億年前、生命は海で誕生した。そして、最初の陸棲の動物が生まれたのは今から約四億年前。このように長い年月をかけて生物はようやく海から陸へあがることができたのに、鯨類は再び水棲生活へ戻っていってしまった。その理由は海の中がエサが豊富だったからとか、陸上の生存競争に負けたからとか、さまざまに憶測されるが、本当のところはわからない。ただ、そのころは海の中はすでに大型爬虫類は絶滅し、また、水の中は陸地と比べて環境の変化も穏やかなことから、いざ暮らしてみたら安全で安定している海の中は意外と居心地がよかったのかもしれない。

ちなみに同じ海棲哺乳類の鰭脚《ききゃく》類も海牛類も、かつては（祖先は）陸にいた動物で、イルカと同じように水棲生活へ戻った動物たちである。

さて、イルカの祖先たちが陸上生活から水棲生活になるといろいろ不都合が多かった。そのためさまざまに身体のつくりが変わっていった。

主なところを見ると、まず、身体は流線型になり、抵抗を小さくした。また、呼吸孔は頭の上部へ移動した。鼻が前にあると呼吸のたびに視線を前方からそらすことになり危険でもあり、何かと都合が悪い。頭部にあれば呼吸するときにいちいち顔をあげなくて済む。

前肢と後肢も水中で泳ぐにはじゃまだった。そのため、前肢は胸ビレになったが、その名残として今でもイルカの胸ビレの中には五本の指の骨がある。前肢が胸ビレなら後肢は尾ビレかというと、そうではない。後肢は退化してしまった。ただ、その名残の骨が今でもイルカの体内には存在している。

さて、尾ビレは水平についており、ここがサカナとは大きく違うところ。イルカを詳しく知らない場合はここでサカナと区別するとよい。イルカはその水平なヒレを上下に動かすことで前進するが（いわゆるドルフィンキック）、特に、ヒレを下から上にあげるときに強い推進力が出る。

ちなみにサメは魚類。尾ビレはちゃんと縦になっている。

ところで、サカナの尾ビレはそのように縦についているのに、なぜイルカの尾ビレは水平なのか。どうやらこれも進化が関係しているらしい。

イルカの尾ビレは皮膚が肥厚したもので、陸棲だったころの尾が変化したものと考えられている。陸棲の四足動物が歩いたり走ったりする姿を思い浮かべるとわかるように、全身が上下動し、それにつられて尾も上下に振られるように動いている。したがって、そのような動物が水中生活へ移行しても前へ進むのに身体や尾の上下運動は残り、さらに尾は面積があったほうが推進力が増すため水平に広がり、結果、水平な尾ビレが上下に動くことになったと想像できる。

数千頭の大集団にも

船に乗って大海原に出ると、イルカの大群に遭遇することがあるらしい。沿岸性のイルカはあまり大きな群れはつくらないが、外洋性のイルカになると数百から数千という数のイルカが集まって大集団になる。そんな光景に出会ったらさぞや感動するだろうし、海のイルカが人気があるのは、きっとそんなことからかもしれない。

まれに港や海岸近くで単独のイルカが見つかって話題になることがあるが、多くの場合、それは群れからはぐれて迷い込んだものである。そういうイルカは衰弱して座礁してしまうか、いつの間にかどこかへ消えてしまう。しかし、群れに戻れなければ天敵に狙われたりエサが見つからないなど、リスクが大きい。ヒトもイルカもひとりで生きていくのは容易ではないのだ。

一般に、群れをつくると、特に高等と言われる動物ではお互いに何らかのやり取りが生じている。わかりやすいのは私たちヒト。おおぜい集まればおしゃべりが始まり、仲良くなったり喧嘩をしたり、あるいは仲間と譲り合うこともあれば、だましたりすることもある。

イルカの世界も同じだ。群れの中ではさまざまな社会行動が起きている。威嚇したり、繁殖行動をしたり、子育てを手伝ったり。また、お目当てのメスがいると、そのメスを狙って他のオスと「同盟」を作ってメスを手に入れようとすることもある。まるでヒトの世界そっくりなのだ。こんなところにもイルカの賢さが垣間見える。

そうした群れの中の社会性こそが、彼らが知的に進化した所以である。

頭脳的な狩り

彼らは群れで頭脳的な狩りをする。もともと泳ぐのは速い動物で、エサを追うなどの目的を持ったような場合に少なくとも時速四〇キロくらいになる。なかには、イシイルカの最高時速五五キロ、シャチの最高時速六五キロという高速なイルカもいる。

さて、彼らはそうして泳ぎながら知的な狩りをする。たとえば、集団でサカナの群れを追い、何個体かが先回りして呼吸孔から泡を出し前方に泡のカーテンを作ってとおせんぼし、そこにあとから来たイルカたちがサカナを追い込んでいくというやり方をしたり、集団で追い詰めたサカナの群れをどんどん水面に追いやって逃げ場をなくしたりと、まさに協働した頭脳プレーである。

シャチになるとさらに計算的な行動をする。シャチは海獣をエサとするタイプとそうでないタイプがいるが、海獣をエサとするタイプではアザラシもエサの一つである。氷の上にいるアザラシに向かって何個体かのシャチが横一列となって勢いよく泳いでいく。するとその水の勢いで大きな波ができ、氷が揺らされ、氷の上にいるアザラシが海に滑り落ちるのを狙うという戦法である。ほかにも、浜辺のオタリアを襲うのに他のシャチと協力して待ち伏せしたり、囮行動をすることもある。

ちなみに、飼育下のシャチも「狩り」をする。

あるときシャチが、トレーナーからもらったエサのサカナを食べずに、それをプールサイドに放り出した。すると、そのサカナをめがけてカモメが寄ってきた。カモメが食べようとした瞬間、シャチがカモメに襲いかかったのである。このときのこの「狩り」は失敗に終わったが、シャチは本当に賢い。

超音波で気絶したキンギョ

イルカたちが水棲生活になって得た強力な能力は「聴覚」である。イルカは「音感の動物」と言われるように、聴覚が発達し、また音を使ったコミュニケーションをしている。それはもっともイルカらしい特性の一つである。

まず、イルカは前述したエコーロケーションという能力をもっている。このエコーロケーション能力はイルカの祖先が陸棲だった時代にはなかった能力だが、水中は陸上よりも音が速く、遠くまで届くので、水中生活で進化と適応の過程を経るうちに、そのような音を利用するために獲得した能力だ。すでに触れたように、イルカがこの能力を身につけたときに脳が大きく発達したと言われている。

イルカは獲物を仕留めるのにクリックスと呼ばれる超音波の鳴音も使っているとする報告がある。サカナに向かって、あるいは海底の砂泥中に向かってクリックスを発し、獲物が気絶したところを食べるという話である。

本当にそうなのか。

以前、テレビ番組の企画で何度かそういう実験に立ち会ったことがある。

キンギョを何尾か水槽に入れ、超音波を当ててみたところキンギョは気絶してしまった。当てられたのはイルカが発しているのと同じ強さのエネルギーの超音波。キンギョはしばらくすると元気に復活したが、イルカが実際に海でそういうことをしているなら、有効な狩りの方法の一つである。

　また、イルカはホイッスルという口笛のように聞こえる鳴音も発している。本当に口笛を吹いたような音で、水族館で水中の見える水槽のガラス面に耳を近づけると容易に聞くことができる。この音はお互いのコミュニケーションに使われているとされてきた。そこで、一九七〇年代から「イルカ語」を解明すべく、このホイッスルの解析がされてきたが、結局、いったい何を「しゃべっている」のかはいまだにわかっていない。あまりに複雑すぎて、解明するまでに行きつくことができなかったのかもしれない。

　イルカたちはこうして群れで生活することによって社会的な関係ができ、相互にやり取りをする能力を身につけたことによって、知的特性が培われた、すなわち「賢く」なってきたのだ。

4　絶海の孤島のミナミバンドウイルカ

バブル景気とクジラブーム

ここまでイルカという動物について概観してきた。ヒトと深くかかわってきた歴史や文化があり、日本の周りでも多く見られるイルカたちだが、日本ではイルカは食べる対象というとらえ方が主流であった。

昭和の中期くらいには学校の給食で鯨肉が出たという話はよく聞くし、かつてはスーパーの棚には鯨肉の缶詰が並んでいた。地域によっては「イルカ汁」というのもあるし、食卓に鯨肉はふつうに溶け込んでいた。

しかし、現代では「食べる」対象という意識に加えて、すこし違った意識も生まれている。そういう意識が起こるには大きなきっかけがあったのだが、さて、日本人は、今、イルカをどうとらえているのだろう。

一九八〇年代後半から一九九〇年代初頭にかけて、日本は空前のバブル景気に沸いていた。「内需拡大」をキーワードに始まった好景気。週末でもないのに夜になると繁華街はどこも人でいっぱいだったし、連日メディアもそんな好景気を反映した株価の上昇を伝えていた。夜の電車ではどこぞで飲んだ帰りの老若男女の羽振りのいい会話が飛び交うなど、とにかくどこもかしこも賑やかだった。

しかしふしぎなことに、あたかもその好景気と同期するように、そのころ突然、空前の「イルカブーム」が巻き起こった。それはなぜだったのだろう。

実は、最初にブームが起きたのはイルカではなく、クジラであった。それには理由がある。

日本は古くから文化として海でクジラを捕る捕鯨が盛んに行われてきた。それは近代になっても変わらず、戦前・戦中・戦後にわたり、いわゆる商業捕鯨が行われてきたが、それが一九七二年に国連人間環境会議において商業捕鯨を一時停止する商業捕鯨モラトリアムが国際捕鯨委員会に提案された。いったんは否決されたものの、その一〇年後には採択されたため商業捕鯨は一時禁止されることとなった。一九八二年のことである。そして、一九八七年南氷洋での商業捕鯨が中止になり、翌一九八八年にはミンククジラとマッコウクジラの沿岸での捕鯨が中止となった。

　こうして捕鯨が禁じられたことによって、沿岸捕鯨や南極海における捕獲調査による鯨肉が高級食材として街のクジラ料理屋で食されるようになった。鯨肉がグルメ化したのである。それはイルカも同じ。私が研究で出向いていた三陸の町はイルカ漁で有名な地であったが、イルカが高い値の相場で取引されていた。

　一方、捕鯨の禁止により、捕鯨に代わって、船に乗って海に出てクジラを観察する「ホエールウオッチング」という産業が勃興した。海外ではすでに一九五〇年代から行われていたが、それが日本で最初に始まったのは一九八八年の小笠原の海である。

　それによって、日本人にとってこれまでは捕鯨の対象あるいは遠い海の彼方の生き物でしかなかったクジラが、誰でもふつうに見に行ける動物となった。その結果、これまでは知られていなかった野生のクジラの神秘的で雄々しい姿が人々を魅了し、一気に「クジラブーム」が巻き起こった。

次にイルカブーム

　しかしクジラブームからわずか一、二年後、そのブームも冷めやらぬうち、突如、

「イルカブーム」が起きた。クジラブームから飛び火したのかもしれないし、何か他に引き金があったのかもしれない。そのきっかけは不明だが、もともとヒトは生命の源である海にはえも言われぬ郷愁感があるので、海の生物というのは受け入れやすいものではあったはずである。日本でもそんなことに目覚めた感があった。

急速に白熱したイルカブームはクジラブームをはるかにしのぐ人気となった。ホエールウオッチングと並んで、野生のイルカを見に行く「ドルフィンウオッチング」やイルカと一緒に泳ぐ「ドルフィンスイム」が各地で始まり、あっという間に人気を博し、ここにきて、目覚めたように野生のイルカに興味を持つ人が激増した。またそのころ、海獣を飼育する水族館が各地でオープンやリニューアルされ、ふだん着のまま、都会で気軽にイルカが見られるようになったこともイルカブームを後押ししていった。

一九八〇年代後半から始まったこのブームはまさに爆発的だった。雑誌や新聞あるいは多くのメディアでは「イルカ」という文字が躍り、イルカを題材とした写真集やビデオが販売され、映画も上陸した。さまざまなイルカの本も刊行され、「イルカ」を書けばなんでも売れた時代。

ちなみにそれまでに日本にはなかった「イルカセラピー」が「輸入」されてきたのも

このころである。

「イルカには超能力がある」「イルカはヒトの病気がわかる」「イルカと話した」といった話や、科学的な根拠も明確ではないものまでよくもてはやされ、とにかくなんでもかんでも「イルカ」といった風潮であった。

日本は四方を海に囲まれた国ではあるが、イルカという動物はあまりなじみのある動物ではなかった。イルカというと「わんぱくフリッパー」というドラマ番組をはじめイルカをテレビで見ることはあっただろうし、水族館に行けばさまざまな種類のイルカがいてショーをしたり、一緒に写真を撮ったり、人気者であることには違いなかった。しかし、それでもイルカはどこか遠い海の動物という存在で、あまりピンとくることはなく、海のイルカに目を向けていたのは研究者と呼ばれる一部の人たちくらいで、他にはほとんどいなかった。

イルカブームの前も後もイルカは変わらず海を泳いでいるのに、海のイルカが話題にあがることなどなかったし、そもそもイルカという動物そのものについてもよく知られていなかった。簡単に海にイルカを見に行く手段がなかったこともその理由の一つだが、それが上述したドルフィンウオッチング、ドルフィンスイムの普及によって、イルカは一気に身近な動物になったわけである。

新たな研究の勃興

急速に流行したものは急速に冷めやすい。

一九八〇年代の終わりにはバブルも衰退を見せはじめ、一九九〇年代になると、かつての喧騒があたかも夢のように世の中はバブルが崩壊していった。

それはイルカブームも同じ。

バブルがはじけるのと同期するようにイルカブームも下火になっていった。あれほどあちこちに躍っていた「イルカ」の文字も目にすることがなくなり、あれほど賑やかだったイルカファンたちもみなどこかに消えてしまった。

しかし、日本のイルカがそこで完全に終焉を迎えたわけではなく、イルカブームの火はその後も消えることなく続いていた。むしろ、イルカに出会える海ではドルフィンスイムやドルフィンウオッチングが産業として定着し、また、水族館でも新しい面からの展示の仕方がなされるようになった。イルカとのふれあいコーナーが各地にお目見えし、なかには海を仕切った浅瀬でイルカを飼育し、お客さんとのふれあいを試みるという企画も登場した。

こうして、神がかったイルカではなく、現実の動物としてイルカを見たいという人々が残った。

そのなかでとりわけブームの前と後で見違えるように変わった領域のひとつが「研究」の世界である。

それまでのイルカの研究と言えば、長グツやカッパを身につけ調査船に乗りこみ、双眼鏡片手にイルカを探し、種類や数を調べたり、漁船に乗って、あるいは捕獲されてきたイルカが市場に水揚げされるのを待ち受け、体長を測り、歯を抜いて年齢を調べ、ときには臓器を固定して持ち帰る、というのがお決まりだった。また、どこかで座礁があれば、現場に飛んで行っては同じようなことをしていた。こうしたことは「どこに、どんなイルカが、どのくらいいるか」という資源量を求める基礎データとなり、「水産業」としての研究である。これは今でも変わらない。

しかし、イルカブームのあと、こうした研究のほかにあらたな流れが現れた。もちろん現在でも資源量調査に関する研究は世界的なレベルで続いているが、それに加えてブーム前には日本にはなかった分野が大きく勃興した。

それはイルカの「生態」や「行動」の分野である。

かつては漁獲されたものや死体を調べたり、群れの数を数える調査が主流だったが、そうした研究の世界にイルカの行動や生態を直接調べる研究が登場したのである。

それは実際に海に潜ってイルカの群れを待ち受け、その暮らしぶりや仲間どうしのやり取りをつぶさに観察するもの。海外ではふつうに行われていた研究がようやく日本でも始まった。

なぜそうした分野に目が向けられるようになったのか、その契機はいくつかあるのだろうが、そのなかで「御蔵島《みくらじま》」もそういう研究が始まる大きなきっかけのひとつではないだろうか。

御蔵島で始まった個体識別

東京から南へ約二〇〇キロ、三宅島のお隣に、伊豆七島の一つ、御蔵島がある。自然が豊かで、中央には山があり、また原生林も多く、山頂から麓までさまざまな野生生物とのふれあいを体験できる。

この島の周辺の海にはミナミバンドウイルカが棲みついており、ドルフィンスイムやドルフィンウオッチングの島として大人気なほか、野生のイルカの行動研究の場としても知られている。

しかし、今から三〇年前はまったく様相が違っていた。

島の人以外には、ときおり三宅島からやってくるダイバーのほかにはこの島のまわりにイルカが棲みついているなんてほとんど知られていなかった。島には観光客用の民宿もなく、船も週に数便やってくるだけ。島の人にとってイルカはそこにいて当たり前の存在だったので、誰も特にイルカのことを気にすることはなかった。

そんな折、一九九二年、アイサーチ・ジャパン（国際イルカ・クジラ教育リサーチセンター）という団体の代表（当時）である岩谷孝子氏とカメラマンの宇津孝氏が島を訪れたのがすべてのはじまりである。

御蔵の海のイルカたちを見て、二人はイルカを守るための個体識別を思いつく。そして一九九四年、この島のイルカを保全する目的でアイサーチ・ジャパンが調査を始めた。はじめは、ようやく借りた古民家に関係者がみんなで雑魚寝しながら調査の準備をしていたが、やがてボランティアを募って海に潜ってイルカを観察し、片っ端からイルカの個体識別をしていった。そして、それを契機に様子は一変することになる。

何年かにわたる調査のおかげで個体識別が順調に進むにつれて、こうした調査活動が大きな話題を呼ぶようになった。東京からさほど遠くない島にイルカがたくさんいることが次第に広まり、御蔵島のイルカの知名度がどんどん上がり、多くの人が島を訪れるようになった。

その後、バブルがはじけ、世間からイルカブームが去った後でも御蔵島は野生のイルカに魅せられた人々とその生態を知りたいという学徒たちの受け皿の場所となった。

二十数年前、私はアイサーチ・ジャパンの最初の調査の助成金申請の推薦書にこんな趣旨のことを書いたことがある。

「近い将来、観光産業の爆発的勃興が予想され、イルカをめぐる観光とそれを保全する研究の両立のために早急な調査体制の確立が必要である」

今、まさに当時のその予想が現実になっている。

「イルカに会いたい」という観光と「イルカを知りたい」という研究とが両立した海として、島は今も大きな人気を博している。

5　水族館で飼う意味は

ライオン、キリン、サメに勝てない

アフリカのサバンナにはライオンやシマウマ、サイなどといった多くの野生動物がおり、北極や南極の海にはホッキョクグマやペンギンなどの動物がいる。そんな動物たちに会ってみたいが、日本にはいないし、アフリカも北極も出かけるのは簡単ではない。しかし、わざわざアフリカや北極、南極まで行かなくても、そうした野生動物を見たり触れ合ったりできる場所がある。動物園と水族館である。

おおざっぱに言えば、動物園には主に陸の動物がいて、水族館には主に海（水）の動物がいる。もし出かけるならどちらがいいだろう。

ときどき水族館と動物園のどちらに行きたいかという「人気投票」を目にするが、水族館のほうに軍配が上がることも少なくない。確かにバブルの頃に都会にはたくさんの水族館ができ、ゆったり浮き沈みするクラゲの姿や大きな水槽で海の中さながらに優雅に泳ぎ回るサカナの光景に、世俗を忘れるひとときを求める多くの人々が魅了されていた。そして、そんなふうに水族館が賑わうのにつられるようにイルカたちも注目されるようになり、イルカショーともなると老若男女、大勢のお客さんの拍手に包まれた。今もそういう光景は変わりなく続いている。

であるなら、さぞやイルカは人気者かと思うと、実はそうではない。

小さい子に好きな動物を尋ねると、まずゾウやキリンが最初に出てくる。あるいは街の雑貨ショップをのぞくと、メモ帳、バッジ、Tシャツなどのモデルや図柄になっているのはライオン、パンダ、ゾウなど動物園の動物ばかり。海の生き物といえばペンギンくらいで、イルカはなかなか見かけない。ちなみに海の動物について言うならば、実は、イルカよりサメのほうがずっと人気が高い。

少し乱暴な推察をすれば、日本は動物園のほうが多いし、立地条件（動物園は公立のものが多いため県庁所在地や市街地にあるものが多く、水族館は海に近い場所に多い）や入館料・入園料を考えたら、何度も出かけやすいのは動物園のほうだろう。小さいころに何度も動物園へ連れていってもらった子どもにそうしてゾウやキリンやライオンの印象が定着するのは無理もない。

イルカはもう少しおとなになってから出会う動物である。

日本は水族館大国

日本は世界的に見ても水族館大国である。ほぼ全国にある。最近は本物の動物のほか、映像を使ったバーチャルな動物の展示などのくふうも行われている。

飼育されている動物は水族館によって若干の違いがあり、魚類や無脊椎動物だけを飼育展示している園館と海獣類も飼育している園館に大別される。ただ、イルカ好きからすれば「イルカのいる水族館といない水族館」という分け方になってしまう。

水族館でイルカを飼育展示する意義は多々ある。それは水族館自体の存在意義にも重なるが、昭和の時代あたりは「レクリエーションのため」というのがその中心であった。しかし、近年は環境問題や生態系や生物多様性に対する意識の高まりによって「調査研究のため」と「希少生物の保護のため」ということも目的となっている。

以前、ある水族館の水槽の前でイルカを眺めていたときのこと。隣にやってきた男性三人の談笑する声が聞こえてきた。

「うわぁ、イルカだ」

「イルカなんて、水族館来なきゃ、絶対見れないもんな」

「海行っても背ビレしか見えないし、イルカとかわかんない」

「こういうとこで予備知識つけないと、わかんねえよな」

水族館でイルカを飼う本当の目的はそこにある。

遠くで眺め、寄らず触らずそっとしておくのも大切である。しかし、近くで見て、よく知ることも必要なこと。本当の理解はそこから始まるのではないだろうか。

研究者に多い「海にいてこそ」派

さて、人気動物にはなかなか挙げてもらえないイルカだが、決してイルカ好きやイルカに関心のある人が少ないわけではない。前述のイルカブームによって明らかにイルカ好き人口が増え、そして定着もしている。

ただ、好きなイルカは二つに大別される。「海のイルカ」と「陸のイルカ」である。

それは、明るい太陽のもと真っ青な海で水を切るように高速で泳ぎ去っていく姿こそがイルカというタイプと、水族館でじっといつまでも泳ぐのを眺めているのが好きというタイプである。

イルカは野生動物だから、海の中で直接彼らと触れ合うことで得られる感動は大きい。「海のイルカ」派は、仕事としてあるいは休日を使って海の中のそんな感動をさがして、重いボンベやウエイトも苦ともせずイルカを求めていく。いつやってくるともわからないイルカに出会えたときの感激はひとしおだろうし、もし一緒に遊んでくれたらイルカに気に入られたと思えばよい。

一方、「陸のイルカ」派は、水族館でじっとイルカを眺めるタイプ。好きな人は本当に何時間でも水槽の前で見ていられるらしい。最近は多くの水族館で年間パスポートを発行しているので、それを購入すれば水族館に通いつめることができる。愛らしい顔をいつまで眺めていても飽きない、そんな楽しみ方をする。

さて、ふつうの人で「海のイルカ」派と「陸のイルカ」派とではどちらが人口が多いかというと、なかなか一概には言えない。ただ、少なくともイルカの研究者を標榜する人たちは圧倒的に前者が多い。「海にいてこそイルカ」な人たちである。

そういう人たちは、船に乗ったり、あるいは自分で海に潜ったりして、目の前で繰り広げられる種々のイルカの行動を自分の目で見て肌で感じて観察し、研究成果を挙げていく。また、最近はドローンの普及によって上空からイルカたちの行動観察もできるようになり、いままでは船の上からほぼ海面と平行な目線でしか見られなかったイルカの行動が、上空からという多角的な範囲で観察できるようになった。

「海のイルカ」派の研究はこうしたイルカの周囲の状況、個体間の関係、めずらしい行動など、イルカ本来の自然な行動をつぶさに観察し、その行動の動因を探求していくことがテーマである。こういう研究者が顕著に増えたのはイルカブーム以降だが、なんだかイルカブームのおかげで「そういう研究ができるんだ、してもいいんだ」ということに気づかされたようにも思える。

テレビやビデオ、あるいはいろいろな映像には野生のイルカを紹介した番組やプログラムがたくさんある。「海洋生物」と題する、そうした番組で出てくるイルカはほぼすべて野生のイルカ。だから、それをやりたい、研究してみたい若者が集まってきて海のイルカの研究者人口が増え、それがまた話題になるという好循環がある。

触れたら冷める夢？

一方、研究で「陸のイルカ」をテーマにしている人は飼育されているイルカを使って個体レベルの研究をしている。私もそんなひとり。

しかし、この研究分野に関しては、実は何十年も前からあまり研究者人口は変わらない。要するに、ほとんどいない。

日本でイルカが初めて飼育されたのは一九三〇年の〈中之島水族館（現・伊豆・三津《みと》シーパラダイス）〉（静岡県）で、最初のイルカショーは一九五七年の〈江の島水族館（現・新江ノ島水族館）〉（神奈川県）である。もう九〇年以上もイルカは水族館にいるのに、「では、研究してみよう」という意識にはならないらしい。だから研究の楽しさも、また、得られた成果の中身もあまり知られていない。私の孤軍奮闘である。

私の大学にも「イルカ好き」の学生が多く入学してくる。入学時は漠然とイルカの研究がしたいと思っているが、そういう学生のほとんどが学年が進むにつれて、まず、まったく違う生物に興味が移っていく。

「イルカの研究がしたいんです」

そう言って研究室のドアをたたく学生もいる。それならばと思ってそんな学生たちを水族館に連れていき、解説などしてイルカにさわらせてもらったりする。すると、なかなかに急にトーンが落ちる学生がいるので、どうしたのかと聞いてみると、

「イルカにさわれたから、もういいかなと思って」

触れれば冷めるうたかたの夢……水族館のイルカ研究とはそんな儚いものでもある。

さて、私がなぜ水族館のイルカで研究をするかと言えば、飼育下でしかわからないことを知りたいから。

「どんな能力があるのだろう」

「いったい何を考えているんだろう」

こうしたことはイルカの身体や泳ぐ姿を眺めるだけでは知ることができない。解剖しても、脳や内臓のどこかに答えがあるわけでもない。

動物たちには外からでは見えない、わからない特性がたくさんある。そのためイルカを使って、条件を統制して実験することにより一つずつ解明していくのである。

他人様のイルカではあるが、一個体のイルカとじっくり向き合って実験をしていく。何度も顔を合わせるうちに、なんだかイルカの気持ちがわかるような気分になる。これホント。

飼育されているイルカはたくさんいるけれど、「自分が扱っている個体が一番かわいい」。学生に実験をさせた感想を聞くとたいていそう答える。「シャチが好きだったけど、今は実験しているこのバンドウイルカが一番かわいい」……。

まさに「マイドルフィン」なんだろうと思う。それもいいんじゃないかな。そういうことも飼育の研究の楽しみである。

観客から聞こえる「キャー」と「へぇー」

研究の対象としては「感覚」や「認知」という分野を扱っているが、でもそういう分野はどうしても地味な感じがする。なぜだろう。

そのことがよくわかる例がある。

水族館にはショーを行っているところが多い。たとえば空中高くつるしたボールにジャンプしてタッチしたり、前回転やきりもみ状のジャンプをしたりといったものもあれば、呈示された物から何かを選んだり、目隠しをして水中の輪を拾ってきたりというものもある。それぞれの園館でくふうを凝らしたものが多いが、ただし、それらは決して「見世物」としてつくられたものではない。水族館のショーでは、野生のイルカが実際に海でしている行動や彼らが潜在的に持つ能力をわかりやすい形で紹介することに主眼を置いて公開展示している。

こうしたショー種目のうち、たとえばイルカが高速で泳いだり何メートルもの高いジャンプをしたりすると、お客さんからは「キャー」という歓声と大きな拍手が来る。一方、何かを識別したり、目隠ししてものを探したりするショーでは「ほぉ」「へぇー」という声が聞こえてくる。両者で反応には違いがある。

つまり、ヒトでは届かない高さまでの高いジャンプや追いつけないような高速遊泳といった、ヒトがかなわないことをイルカがしたとき、ヒトは「感動」する。そのとき「キャー」という歓声になる。一方、「なぜできるんだろう?」と思うことや、ヒトと同じことができたときには、ヒトは「感心」する。それが「へぇー」である。

イルカの認知研究は後者に近い。「丸い」ものを選ぶとか、数をかぞえるとか、ヒトと同じことをイルカができても「それがどうしたの」というような印象にしかならないらしい。

しかし、なぜヒトと同じことができるのか、どこまで同じなのか、そしてヒトと同じなら、できないこともあるのか。そこを解明することにこういう研究の魅力があるんだけどな。

水との闘い

水族館の動物は水族館のものである。よって、水族館でイルカの研究をするということは他人の持ち物を借りてするのだから、水族館にはよく説明し、協力をお願いし、理解を得て実験をさせてもらわないといけない。

そもそもイルカは水族館では花形の動物で、水族館は研究施設ではないので、それを研究のために使うのも容易ではない。また、動物も大型で、実験のために簡単にあちらこちらと移動させたりもできない。

こういう話をすると、動物園で研究している人から、「われわれも同じだよ」と言われることがある。確かにこういう状況は水族館動物に限ったことではなく、動物園動物でも同じである。

しかし、水族館動物の研究には動物園動物を扱うことと大きく異なる点がある。「水との闘い」である。

イルカは水中にいる動物なので、そこで実験しようとすると、まず「見えない」。水面の揺らぎや波立ちで水中が見えにくいし、光が反射したり、屈折したりもするので、水中の動物の様子がわかりにくい。よって、見えるようなくふうをするか、水上で実験するしかない。

　また、イルカのいる水槽の水の維持の問題もある。実験をするには水は透明なほうが望ましい。しかし、透明度は時間帯によって、あるいは日によっても変動するし、天候も大きな問題になることがある。イルカはだいたいが屋外で飼育されているので、降雨によって水が濁ったためにイルカの集中力が落ち、実験にならなかったということを何度も経験してきた。特に梅雨時が鬼門である。

　めったにないことだが、濾過槽のトラブルも要因の一つ。朝、水族館に行ってみたら、水槽が一面白濁していたということがあった。もちろんこの日は実験中止。

　実験や訓練が水中で行われることもある。水中に呈示したものを選択させたり、呈示したものに応じて何か反応させたりといった実験をするとき、場合によってはダイバーに水中に入ってもらって訓練ということもある。そうなると、水族館の負担はたいへんなものになる。そういう負担をおかけしては申し訳ないので、最近は水中が見えるようなガラス面で実験をすることが多い。

　水族館の実験でのさらなる難点として、水は水でも、真水ではなく海水であること。金属や高価な機器類は十分注意が必要だし、場合によってはイルカの近くに持ち込めないこともある。かつてイルカの脳波を測定したとき（後述参照）は、プールサイドに脳波計を設置し、水がかかってもいいようにポリ袋やビニールシートで完全防備しての実験であった。パソコンの持ち込みにも気を遣わなければならない。

そして最後は水槽の形状。イルカは水槽で飼われているが、水族館は研究機関ではないので水槽もそれ用にできているわけではない。助走の距離がなかったり、水流が逆だったり、あるいはターゲットを呈示するのにちょうどいい場所に立派なイルカの置物があったりするのだ。

水族館で実験する限り、水との闘いは宿命である。

6 「眼球」を取りに行く

一気に険しくなる道

イルカについてあれこれ紹介してきたが、実際に、イルカを使って「研究」するにはどうしたらいいだろう。

「研究」とは人によって考え方もさまざまだし、正確な定義もない。みな自分なりのやり方で研究している。ただ、研究にたどりつくにはオーソドックスな道がある。まず、大学に入り、そこで三年生か四年生になって興味のある研究室に所属して指導教官から与えられたテーマについて「研究」をする。研究者を目指すなら、少なくともこの段階で何に興味があるかは決まっていたほうがよい。そこでは野外で調査をしたり、実験室で実験をしたりしてデータを集め、それをまとめて卒論を書くのだが、これが最初の研究成果となる。

ここで卒業となるが、もっと専門的に携わりたければ大学院に進学する。大学院では修士課程、博士課程と進むが、博士課程になると経験も増え、自分で研究をデザインできるようにもなり、また学術雑誌に論文を投稿できるくらいの成果があがるので、ようやく少し「研究者」らしくなる。そして最後に博士論文を書いて「博士」の学位を得る。

これがオーソドックスな理系の歩む道。文系はまた違う道と思うが、あまり詳しく知らない。

さて、ここまではよかったが、ここから急に道が険しくなる。

企業の求人は一気に減り、就職口はぐっと狭まり、もはや研究職しか道は残されていないと言っても過言ではない。また、みんな研究機関や大学に就職することを望むため、そういうところはもともと求人も少ないので、さらに就職の道が険しくなる。

大学院で博士の学位を取る場合、よく「博士は足の裏の米粒と同じ。取らないと気持ち悪いが、取っても食えない」と揶揄される。確かにその通りで、博士になっても就職が待っているわけではない。でも、最近は「取らないと食えない」ともなってきた。大学の教員では「博士の学位を有すること」というのが条件になっているところがほとんどなので、（学位を）取っても食えないが、取らないともっと食えない。

さて、学位を取れば、あとは卒業（大学院の場合は修了という言い方が一般的）しなければならないので居場所がなくなる。昔はそのまま大学の教員になるケースも見られたが、最近ではそう簡単にはいかない。履歴書に空白ができないようにと研究できる場所をあれこれ探し求める。しかし、最近は任期制の職が多く、採用されても一定期間たったらまた次の職を探さないといけない。私もそうだった。そしてそれを繰り返しながら、大学などの職に空きが出るのをみつけなければならない。

このように研究者は決して楽な道でもないし、就職を約束されてもいない。だから「研究したい」という強い意志と情熱がないと乗り切れない。

鯨類研究の大御所

さて、高校生でイルカの研究を志したのはいいけれど、そもそもどうしたら研究ができるのかわからない。弁護士とか医師とか音楽家とか、そういう道ならどこへ行きどうしたらいいか、だいたい想像はつくけれど、イルカの研究者にはどうしたらなれるのか見当もつかない。そうであれば、研究のことは研究者に聞くのがいい。しかし、インターネットもＳＮＳもなかった時代、イルカの研究者など知る由もなく、そこで本屋でイルカの本を探してみた。

たまたま入った神田の書店でみつけたイルカの本。本を書くくらいだから著者はイルカに詳しい人なんだろうなくらいに思い、手紙を出してみた。現代のようにメールもラインもなく、手紙が唯一の手段。昔の本には奥付に著者の住所が書いてあったので、自分の夢やどうしたらイルカの研究ができるか模索していることなどを書き綴ってみた。

ところで、日本で最も飼育されているのはバンドウイルカという種で、水族館のショーでもおなじみのイルカである。このイルカには別名「ハンドウイルカ」という呼び名があり、現在、日本では両方の名前が存在している。一七〇〇年代や一八〇〇年代の文献にはどちらの呼び方も見られ、どちらが主流なのか、なにやら判然としない。しかし、一九五七年に西脇昌治氏が「日本近海産哺乳類目録」のなかで「バンドウイルカ」という名前を用いたことから、この呼び名が広く知られることになった。

私が初めて買ったイルカの本の著者で、手紙を出したのが、この西脇昌治氏。バンドウイルカという名前を世に広め、世界的にも名の知られた日本の鯨類研究界の大御所、重鎮中の重鎮である。とはいえ、一介の高校生がそんなことは知るはずもなく、気軽に手紙を書いたりしている。若気の至りとはこういう事例のことを言う。

しかし、西脇先生からは丁寧な返事が届き、どこの大学でイルカの研究ができそうか、手書きの表になって書かれていた。そして、「学部はどこの大学でもよいので、そこで生物を学び、大学院は東大に進み、そして海洋研究所に入ればおもしろい研究ができると思います」と綴られていた。

その後、直接話を伺いに出向き、手紙もやり取りした。そうした手紙は今でも私の宝物である。

水槽の水替えの日々

西脇先生の教えに従い、大学は自宅近くにあった東北大学に入った。

入学後、同志を求めて「イルカをやりたい」と連呼してみたが、やはり応じてくる人はなし。みんな「変わってるね」というまなざし。でも、イルカがずいぶん身近になった今だったらもっとちがったかもしれない。生まれてくるのがちょっと早かった。

大学四年になり、海獣類の遺伝をやっている研究室があったので、卒論の研究はそこの門をたたいた。しかし、

「去年までは予算がついていたからやっていたんだよね」

と、にべもない返事。金の切れ目が縁の切れ目ということで、結局、卒論のテーマは「グッピーの兄妹交配」となった。そう、サカナの研究である。アイソザイムという酵素を用いて遺伝子の変動を解析した。

しかし、このままではイルカの研究はできないので、大学院は東京大学の大学院に進学した。場所は本郷キャンパスの一角で、過去に鯨類を研究していた人がいた研究室があったので、研究室はそこを選んだ。

だが、入ってみるとどうも様子が違う。確かに過去にそういう先輩がいたものの、指導教官からはイルカをテーマにすることは頑として承諾してもらえず、結局、ハゼがテーマとなった。またしてもサカナの研究。なかなか思うようにいかない。

修士ではヌマチチブというサカナの内分泌についての研究で、卵巣の成熟や放射性物質を使って血液中のホルモンを調べた。

サカナは自分で茨城県の霞ケ浦まで獲りに行き、大学で、屋外には一トン水槽、屋内には四〇個の水槽を並べて飼育していた。こんなに水槽があると毎日が水替えなので、研究より水替えの思い出のほうが強い。メスの研究なので、指導教官のすすめでメスにはすべて名前を付けた。愛着が違ってくる（ちなみにオスの名前はすべて「オス」）。

また、キンギョの脳に電極を刺して脳波を測る研究もした。実はこの経験があとから出てくるイルカの脳波を測るモチベーションに結び付いている。

これらは、同じ水棲でもイルカとはかけ離れた動物たちであるが、ただ、このとき生き物を生理学的な面から見る修練ができたことは、その後の自分の研究者人生にとってとてもよかった。サカナであれ、イルカであれ、行動を起こすメカニズムには生理的な機序があるので、生き物を研究するベースになる部分を勉強できたと思っている。また、もともとレベルの高い研究室で、国際的な学術雑誌にぽんぽんと論文を投稿していく研究室の先輩たちの背中に研究する姿勢を教えてもらった。それが今でも私の研究者としての基本的な姿勢になっている。

しかしいつまでもこれではイルカの研究どころではないので、一大決心をして修士課程とは研究室も変え、イルカの研究を始めたのは大学院の博士課程になってから。分野の違う指導教官のもと、何もかも自分で計画し、自分で研究をすることになる。このあたりの顚末は「はじめに」で触れたとおりである。

こうして博士課程で東京大学海洋研究所に移ったのも西脇先生の教え通りになった。とても親身になってくれた西脇先生だが、実は、私が修士課程一年のときに急逝されている。

マイワシ調査で泡吹き、気絶

イルカの研究をするために東京大学海洋研究所（当時）で私が入った漁業測定部門はもともと魚群探知機とコンピューターを使って漁業資源の分析の研究をしていた研究室だった。かつては多くの学生がいたらしいが、私が入ったときには学生は私一人。それはそれで気楽に研究ができたが、その一方で、一人しかいないので自分の研究のほかに研究室の仕事もやることになり、修士でサカナの卵巣をいじってきたことから、マイワシの成熟の仕事を任せられた。

船に弱いのに何度も研究所の船に乗せられて、網で捕獲されたマイワシを調べるというもの。船に乗るたび船酔いし、泡を吹いて気絶しているところを発見され船の病室にお世話になったこともある。船酔いは病気扱いされないのがふつうで、だいたいが鼻で笑われるが、船酔いで脱水症状を起こし重篤になることもある。

また、船酔いだと言うと「ぼくも酔うよ」と返されることも多いが、はじめは酔ってもやがて回復する人は「船に弱い」人ではない。本当の船酔いはぜったいに回復しない。

私のイルカの研究はつくづく船を使わない研究でよかった。こんなことをくり返していたら、いつかきっと死んでしまう。

ちなみに、そんな苦労が実ったのか、私が初めて出した論文はイルカでも海獣でもなく、土佐湾のマイワシの成熟の話であった。

さてそんな海洋研で、いよいよイルカの研究が始まることになる。折しも世のなか、バブル最盛期である。

「ヒトと同じことをやればいい」

「イルカと話したい」を夢にいだき、イルカの認知の研究を始めることになった。しかし、日本では誰も先駆者がおらず、たどるべきレールも何もなかった。だから、独力で研究していくしかなかった。

ところで、イルカと話すためにはどうしたらいいか。ほかに研究例もないのだから、そこは自由に考えることができるわけだが、答えは割とすぐに思いついた。

「ヒトと同じことをやればいい」

学生時代、語学の授業に悩まされた人は多いはず。英語やフランス語、中国語など、生まれ育ってもいない国のことばを覚えるのはたいへんなことだ。一から勉強して、練習を積んで最後は異国の人と会話もできるようになる。それが語学の勉強のしかたである。

それは動物でも同じではないか。その方法をイルカにも使えるのではないか。教える相手がヒトか動物かの違いだけ。私たちが英語やドイツ語を習ったように、イルカにも同じ方法でことばを教えればいい。

もちろんそんな簡単な話ではない。

ヒトが英語を覚えられるのは、ヒトがヒトに教えるから。これが動物だったらそうはいかない。ヒトがイルカにことばを教える……それにはまず、ヒトの方法がイルカに使えるかを確かめなければならない。

英語の授業では先生が「アップル」と発音するのを「アップル」と聞こえるから発音を覚える。黒板に「ａｐｐｌｅ」と書いたのを私たちは「ａｐｐｌｅ」と見えるからスペルを覚える。こうしてヒトは発音を聞いたり、スペルを見たりして語学を習ってきたが、果たしてイルカもヒトと同じようにものが見え、音が聞こえ、そして同じように考えることができるのか。

イルカに見えも聞こえもしないのでは、いくらヒトの方法でことばを教えようとしてもだめだし、また、もしそう感覚できたとしてもそれをヒトと同じように解釈・咀嚼できなければ覚えることもできない。

そこで、イルカが私たちヒトと同じように知覚し、理解できるのかを知りたい。ヒトが示した音や図形がヒトと同じように見えたり聞こえたりするのか、それがわかってはじめてヒトの方法が使える。

イルカにことばを教える研究のプロローグ。まだまだ夢の入口はずっと先である。

音で教えたらいいか、視覚がいいか

イルカにヒトと同じやり方でことばを教えていくとして、それは音で教えたらいいのか視覚がいいのか、どっちだろう。

イルカと言えば音の動物である。それはよく知られたことなので、ことばを教えるならイルカが得意な音を使えばいいじゃないかと、誰しも考える。しかし、イルカの聴覚の研究はすでに一九七〇年代以前からアメリカやソ連（当時）を中心に猛烈に行われていて、かなりの水準まで達していた。いまさらそこに参入してもそれらの研究に追いつくだけで研究者人生が終わってしまう。

それに対して視覚の分野は圧倒的にやるべきことがたくさんあった。ということはそれだけやりがいもある。であれば視覚でアプローチすればいい。

そう研究の進む道を決めたころ、水産庁水産工学研究所（当時）を訪ねた。そこでの経緯は「はじめに」に書いた通りである。

当時、日本では流し網という漁具にイルカやその他の海獣類、海鳥などがからまって死んでしまうことが国際問題化していた。流し網とは水流や潮流のあるところに網をしかけ、潮の流れに任せて網を流しながら、泳いできたサカナが網にかかったところを捕るという漁法である。かつては日本の周辺の公海ではよく行われていた。しかし、網にかかった獲物を求めて近寄ってきた海獣などの動物がゆらゆらと揺らめく網についからまってしまって溺れるらしい。そこで国はそれを回避する対策を検討することとなり、水工研で聴覚と視覚の面から研究されることとなった。

日本にはイルカの音の研究者はそこそこいたのだが、視覚の研究者は皆無。水工研は聴覚の研究をしていたので、混獲回避策とまでは至らないが、私は視覚の面、すなわちイルカは物がどのように見えるのか調べることにした。そのための予算も国からつくことなった。

「はじめに」で触れた、イルカの感覚と行動について話ができる「味方」とはこうして出会った。

これから視覚について調べるのであれば、その切り口としてまずは感覚器、すなわち眼を知っておきたい。

そもそも暗い水中に暮らしているイルカたちの眼はどうなっているのか。明るい陽の下で暮らしている私たちヒトのような動物と違いがあるのだろうか。

眼を調べるには眼が必要である。しかし、イルカの眼はどこにも売っていないし、カタログやネットにも載っていない。取りに行くしかない。

何百個体ものイシイルカが

私が博士課程の大学院生になって、イルカ研究の第一歩はこの眼球を取りに行くことであった。

最初に出向いたのは岩手県の大槌町である。

三陸は季節によってイシイルカというイルカの漁があり、シーズンになるとこの大槌の市場にも、毎日、何百個体というイルカが水揚げされて並べられていた。そこでその市場へ出向いて、並んでいるイルカから眼を採取するのである。

修士の頃に霞ケ浦まで何度かハゼのサンプリングに出かけていたため、たも網、ポリ袋、長グツ、胴長などなど、サカナを捕まえに行く準備は一通り心得ていた。しかし、イルカの眼を取りに行くなど、サカナのサンプリングとは勝手も違うだろうし、教えてくれる人もいない。何を準備したらいいかわからない。とにかく思いつく限りの道具や器具、試薬を準備して出かけていくしかない。

知り合いもいない大槌の町へ飛び込みでイルカの眼を取りに行く。まず、怪しいものではないことを認めてもらわないといけない。そこで、大槌に着いてまず最初に、市場を管理している漁業協同組合に出向き、挨拶と眼を取らせてもらいたいとお願いをした。私はもともと東北の生まれであるし、岩手（盛岡）には住んだこともある。また、三陸は大学に入学したときに旅行に行ったところなので、なじみも愛着もある。

実は、その後も大槌には眼を取りに何度か出かけたが、毎回こうして漁協には挨拶をした。それは礼儀だと思う。あとで紹介するが、それで顔を覚えてもらったのがたいへんよかった。

さて、翌朝。市場に行ってみると、もう何百というイルカが広い市場を埋め尽くすように横たわっている。初めて目にしたその光景はひじょうに「壮観」だった。なんだか甘いような独特のイルカの香りが今でも鼻の記憶にある。

しかし、そうしたイルカたちは、実は「商品」。競りがあって、買い手がついているのだ。なので、買い手の人を探してお願いしなければならない。

当時は、ちょうど商業捕鯨が禁止になり、鯨肉が手に入りにくくなっていたころで、こうした沿岸捕鯨の鯨肉も高級品化していた。そのためこのイルカたちも高い値で競り落とされていた。そんな高価なイルカについて買い手の方にお願いしないといけない。

市場ではお互いに屋号でやり取りしているので、なかなか誰が誰だかわからない。幸い、東北弁には困らないので、なんとか手探りでお目当ての人を見つけ、おそるおそる、

「目玉取らせてもらえませんか」

と聞いてみた。すると、

「いいよ、なんぼでも持ってきな。どうせ頭はいらねぇから」

ニッコリ笑ってそう答えてくれた。その笑顔にほっとした。東北人は優しいのだ。

「これを眼と思ってはいけない」

イルカの眼を取るのに、サカナの解剖と同じつもりでメスや解剖バサミを持ってきても使い物にならない。何となくそんな気がして持って行ったのが登山ナイフ。その予感は的中した。眼球取りは、まずその登山ナイフを皮膚に突き立てることから始まる。

並んでいるイルカの眼を見て、「これだ」と感じたイルカを選ぶ。「眼が合う」個体を選ぶのだ。

イルカの眼の取り方なんて誰も知らないし、そもそも正しい取り方などもあるはずもない。思うままに眼の周りの皮膚に深く切り込みを入れ、少し表皮を切り取ると、中から眼球が出てきた。さらにナイフをうまく使って眼を取り出していく。

どうやらこのやり方でいけそうだ。

取れた眼球は上下左右がわかるように目印に筋肉を残してみたり、角膜に小さく切り込みを入れたりする。こうして何十個という眼球を取り出して、イルカの傍らに並べていく。このときこれを「眼」と思ってはいけない。思わず手が止まってしまう。

市場では、イルカはあとでトラックに積み込みやすいよう、身体の左か右のどちらか、だいたい同じ側を上にされて並べられている。そのほうが場所も取らない。

そのときは右を上にして並べられていたので右眼から取っていくことにした。

一通り右眼が取れたら、当然、反対側の眼（左眼）も取らないといけない。そのためにはイルカをひっくり返さないといけないが、そのひっくり返し方がわからない。身体を起こそうとしてもヒレがじゃまになって反対向きにできない。どうやらひっくり返し方にはコツがあるらしいのだが、しかしそれがわからない。いろいろ苦心してみたがひっくり返せず、結局、初めてのイルカの眼球サンプリングは全部右眼だけとなってしまった。笑い話ではなく、まじめな話。

三陸ではイシイルカのほかに、まれにカマイルカも揚がることがある。しかし、カマイルカの眼は取りにくい。表皮が硬くて、ナイフで切り込みを入れて皮をはいでも、なかなかはがれるものではない。なぜ種によって違うんだろう。ふしぎだ。

この大槌というところは三陸海岸の一部で、リアス式海岸の一角。静かな港町であるが、山が浜まで迫っているいたるところにあり、そのため二〇一一年の東日本大震災で大きく被害を受けた。しかしそれまではイルカの漁獲で知られた町であった。

こうしてイルカが市場に並ぶのも毎年のことで、シーズンになると各地から研究者がやってきては、体長を測ったり、歯を抜いたり（年齢を調べるため）、あるいは内臓の一部を持ち帰ったりと、いろいろな調査が行われていた。体表に付いた寄生虫を持っていった研究者もいた。きっと市場の人にはそうした光景はおなじみのものであったに違いない。

しかし、眼を取りに来た人は初めてだったらしい。皆さん、仕事の傍ら遠巻きにちらちらと眺めていくが、たまに、

「なんに使うの？」

「何がわかるの？」

といった声をかけられ、珍しがられた。それをきっかけに話をするのも大切なコミュニケーション。現場の人っていうのはいろいろなことを知っている。自分が知らないことを教えてもらう良い機会でもある。それが楽しい。

網走で怪しまれる

こうした眼球の採取はほかに和歌山県太地町、北海道網走市でもおこなった。

とくに網走では忘れられない思い出がある。

網走も捕鯨の産業があるところで、直前まで、地元の水産業者と話がついていて、漁

獲されたクジラから眼を取らせてもらえることになっていた。しかし、いざ現地に着くと風向きがおかしい。聞くと、たまたまその直前に環境保護団体が来たらしく、その水産業者から私も怪しまれ、各地へ連絡して私の素性調査までされた。結局、

「あんたにはやっぱりあげらんねえな」

と、約束も反故にされてしまった。

「さてどうするかな」

そのとき、思わず口から出たことばである。悲愴感はなかった。

何かできないかと思って、ふと思い出したのが、この時期にこの海域では三陸の船がイルカ漁をしているということ。そこで大槌の漁協に連絡をして、この海域に来ている船を紹介してもらった。いつも大槌に眼を取りに行ったとき漁協には挨拶に寄っていたので顔も覚えていてくれたし、素性もわかってくれていたことがありがたく、うれしかった。やはり礼儀って大事だ。

さてそうして教えてもらった船と網走の港で待ち合わせて目玉の交渉をした。

いきなりのお願い。

「もしイルカが獲れたら、眼をいただけないでしょうか」

するとそのこたえは、やはり、

「いいよ。どうせ頭はいらねぇから」

船の上からニッコリ答えてくれた。

その数日後、漁を終えて船が着くのを港で待ち合わせて受け取ったイシイルカの頭は
ゆうに二〇個は超えている。東北人は気前もいい。

眼は、当時、網走にいた大学の同期の友人の紹介で解体場所をお借りして、一晩かけて全部頭から取り出した。持つべきものは友。この友人にも感謝している。

「ください」と言えなくて

眼はこうして自分で取りに行くばかりでなく、水族館から提供してもらうこともある。ただし、これがなかなか阿吽の呼吸。

水族館にとっては花形動物のイルカ。少しでも長く、健康でいてほしいと誰しも思っているわけで、そこに「死んだら眼をください」とは言えない。少しずつ、ちょっとずつ話題を近づけ、なんとなく、それとなくねだってみる。そうしてこれまで提供いただだいたのがカマイルカ、バンドウイルカ、シロイルカ、オキゴンドウ。

また、このほかマイルカやコビレゴンドウを研究機関との共同研究を介して入手できた。やや変わり種としては南極海で捕獲されたミンククジラやベーリング海のコマンドルスキー諸島で捕獲されたキタオットセイの眼といったものもある。

さて、眼を解剖してみる。

ちなみに眼の大きさは、体長二メートルくらいのイルカで直径四センチほど。ピンポン玉くらい。また、体長八メートルのミンククジラでは直径一〇センチ。肉まんのような大きさである。身体のわりに意外と眼は小さい。

眼球にメスを入れ、二つに割いて中を見てみると、まず目についたのがレンズ。すごくきれい。透明で澄んでおり、透かして見るとレンズごしに遠くの景色が見える。しかもさかさま。本当に「レンズ」なんだ。

さて、こうした眼で調べたことは構造や網膜の特徴、それから視力と視軸である。

まず、眼の基本的な構造はみな同じであった。イルカだからヒトと違って「なにか特別な」というようなことはなく、ヒトの眼のつくりと同じである。

また、眼には網膜というものがある。私たちヒトの眼にももちろんある。網膜は脳の一部とされ、重要な役割を持っている。その構造はやはりどの種もみな同じであった。

というか、イルカだけでなく、脊椎動物の網膜のつくりは基本的に共通している。

要するに、眼のつくりも網膜のつくりも、ヒトもイルカも変わらないことがわかった。ただイルカの眼の網膜は夜行性の動物の構造に似ている。夜道のネコやキツネの眼が光るのはよく知られている。サカナの眼も光る。実は、イルカの眼も光を当てるとよく光る。これらは暗い場所でわずかな光を有効に取り込む構造（タペータムと呼ばれる）があるためで、夜行性動物に共通した特性である。

視力は〇・一？

ヒトの視力は健康診断で測ることができるが、イルカはどうしたら視力がわかるだろう。

イルカでもヒトの健康診断のような方法（行動実験）で視力を測ることはできる。しかしそれには訓練が必要なので、飼育されているイルカでしかできない。ただ、飼育されているイルカがみな訓練できて、ショーができるわけではなく、神経質な種は訓練が難しいし、性格の違いで訓練に向かない個体もいる。

では、飼育も訓練もできないイルカの視力はわからないのだろうか。

実は、眼の細胞からイルカの視力を知ることができる。網膜中の神経節細胞というものの密度を測定し、そこから一定の計算方法で視力がわかる。

眼を切り開いて網膜を取り出し、それを試薬を使って見やすいように染色して細胞を染め分ける。ことばにすれば簡単に思えるが、実はひじょうに繊細な作業で、慣れてきても成功率は六割くらい。だから眼はたくさん集めておいたほうがよい。

そうして染色された網膜を顕微鏡で見ながら細胞の数を数え、そこから視力を計算する。

こうして調べた視力をまとめてみると、どのイルカ（クジラ）も、ほぼおおむねヒトの視力で言うところの〇・一くらいであることがわかった。

これを眼が良いと思うか悪いと思うかは人それぞれであろうが、格段に悪いわけでもないと思う。視力が〇・一の人はたくさんいるし、私の裸眼はもっと悪い。それでもそれなりに周囲の様子はわかる。イルカもヒト並みの見え方をしていると言えそうである。

ちなみにこうして眼球の網膜から求めた視力と行動実験による視力検査で求めた視力とではあまり差がない。

イルカの視力についてはあまり研究例がなく、かなり前に行動実験で調べられた例がバンドウイルカ、シャチ、カマイルカであるだけ。こうして眼を解剖して視力を調べた研究は、当時はソ連（現・ロシア）の女性研究者と私の二人だけだった。

イルカの視力という、誰でも興味を持ちそうなテーマなのに、私は世界的にレアな存在だったわけで、そういうことが研究のモチベーションになる。

そこで成果をもっと世界に発信したいと思い、モスクワで開かれた海獣類の感覚に関するシンポジウムで発表した。これが私にとって最初の国際学会である。

当時はソ連末期の頃。まだ、サンクトペテルブルグがレニングラードと呼ばれていた時代。直前に大統領の幽閉事件などもあって、シンポジウムの開催が危ぶまれたのもソ連らしい。著名な研究者と知り合えたシンポジウムもさることながら、文化も制度も何もかも違うソ連という国に一七日間滞在したが、新鮮なことばかりで楽しかった。

まだ一〇月なのにモスクワの郊外の森林の墨絵のような雪景色も、また、雪降るフィンランド湾も美しかった。ロシア人による「カリンカ」も聞かせてもらった。一番印象に残ったのは、とにかく狭いアエロフロート機の窓から見た夕陽にピンク色に染まるウラル山脈の姿。あれは網膜に焼き付けた。

でも、飛行機は苦手なので、もう見ることはないだろうな。

ヒトの視軸は一本、イルカは二本

この網膜を調べてわかったことはもう一つある。どこを見ているか、つまりよく見える方向についてだ。

前述した北海道でイシイルカの頭をもらった大槌の船を訪ねて、お礼を言いに行ったことがある。すると船主の漁師さんがこう言ったのだ。

「おれら、イルカがどこ見てんのかを知りたい」

よく見える方向を視軸という。ヒトは視軸が一本、つまりよく見えるのは前方に一方向のみである。ところがイルカにはそれが二方向ある。細胞の分布がそうなっている。ひとつは前方、もうひとつは斜め後方である。だから、右眼は前を見て、左眼は斜め後ろを見る……ということができることになる。前を見て泳ぎながら、後ろを見て迫る漁船をかわし……ということをしているのかもしれない。イルカの左右の眼はこんなふうにバラバラに機能しているらしい。

すぐには信じがたいが、それは私たちがヒトだから。自分にはできないことを理解することはむずかしい。しかし、イルカにはそれがふつうなのである。

そんなことがわかったので、ぜひ大槌の船主さんに報告をと思っているが、今は行方がわからない。震災に遭われたのかと悲しくなる。

こうして眼にまつわる実験は終えた。何もかも初めてで試行錯誤の連続だったが、自分で眼を集め、自分で結果を出す。終わってみれば、眼を調べるのに自分なりのやり方を作ることができた気がする。それが研究の醍醐味である。

イルカの研究ってこんなに楽しいのか——。

ところで、私はホホジロザメの眼も持っている。

映画「ジョーズ」でもおなじみの凶暴な巨大ザメだ。大槌の市場で眼をサンプリングした帰り、たまたま捕獲されていたところに遭遇した。そこで周りの人たちとお決まりの記念写真を撮って、眼をいただいた。

さっそく視力を調べようとしたが、片方の眼を解剖したら失敗してしまった。眼はもう片方残っているが、失敗が怖くて実験ができない。案外意気地がない。

脳波を測定してみたい

ここまでの過程で眼の良しあしがわかったが、ところで、はたしてそんな眼は本当に見えているのだろうか。眼から入る光の情報がちゃんと脳に達しているか、それがわからないと見えたものが理解できると言えない。

それを確かめる方法のひとつとして脳波の測定を思いついた。眼から光を入れて、それによって脳波が変われば光が脳に達していることになると考えたからだ。

しかし、イルカの脳波など、どうやって調べられるだろう。

そこで誰かに動物の脳波の取り方を教えてもらおうと思い、東京大学の獣医学教室にいた知人から動物の脳波を測定している先生を紹介してもらった。その先生に会いに山口大学まで訪ねて行った。

この先生はとても親切な方で、学生が初対面でいきなり脳波がどうのと聞きに来ても丁寧に教えてくれたばかりか、お昼もごちそうしてくれた。今思うと、かけがえのない思い出である。

しかし、考えてみると、脳波を測っているのは動物だけではない。ヒトがいた。だったらヒトのやり方でやればいい。それが一番安全である。

脳波を測るには脳波計が必要である。だが、買えば高価で、すぐに手に入るものでもない。そこで思い切って脳波計をつくっている企業に相談してみた。その会社はさまざまな医療機器を開発・販売している大手の企業で、ヒトの脳波計や心電計など、いろいろな医療の電子機器類を手掛けていた。目的を話し、お願いしてみた。するとなんと快く脳波計を貸してもらえることになった。

しかし、企業にとってはなんの利益にもならない学生に、なぜ高価な機器を貸してくれるのだろう。それを尋ねると、そこには学生であれ誰であれ、科学の発達に対する企業としての使命感があると話してくれた。

これは絶対失敗できない。

鴨川シーワールド館長の「おもしろいね」

さて、ヒトの脳波は頭皮に電極を貼り付けて測定する。これならイルカでも身体を傷つけることはない。しかし、そもそも脳波の測り方がわからないので、脳波計を貸してくれるメーカーが主催する脳波測定の講習会に参加することにした。

その講習会の参加者は一五名くらいだったと思う。脳波測定の未経験者の講習会なので、みな若い人ばかり。そういう人に交じって、脳波とは、電極とは、測定とはと、一通り講義を受けた。

最後に実習があった。参加者でお互いの脳波を測りあって練習するもの。結構おもしろかった。そのなかでも、眼を閉じたときと開いたときで波形がまったく変わることがわかったのが一番の収穫だった。眼を閉じれば眼からの光の情報が入らず、眼を開ければ光が入るから、それによって脳波に違いが生じる。やはり脳波は使えそうだ。

さて、イルカの脳波測定で最も悩んだのはどこで測定するかということ。ふつうに考えれば、イルカの脳波を測りたいなどと言っても許可をしてくれる水族館などあるはずがない。

さんざん考えたあげく思いきって相談したのは〈鴨川シーワールド〉（千葉県）であった。なぜそこにしたかというと、私が中学の遠足で訪れたところだったから。そんな思い出と愛着があった。

当時の鴨川シーワールド館長の鳥羽山照夫氏は水族館界の重鎮でもあったが、科学の分野にもたいへん関心をお持ちで、ご自身も博士の学位をお持ちになるほどの方だった。

「イルカの脳波を測定したいのですが」

どんな説明を、どうしたのか覚えていないが、たぶんあれこれ必死で話したに違いない。すると、

「村山君、それおもしろいね」

それが鳥羽山館長からの答えだった。かくして、鴨川シーワールドでイルカの脳波測定の研究をすることが決まった。

私が生きたイルカを使った最初の研究である。

受けた恩は「働いて」返す

水族館のイルカで脳波を測るなんて簡単なことではないのはわかるが、実際、どうしたらいいかわからない。あれこれ頭の中でシャドー測定をしてみる。

しかし、そもそもイルカで実験する以上、イルカのことから水族館のこと、イルカの飼育のされ方、それにかかわっているトレーナーの人たちの仕事、そして現場の空気……いろいろなことを知っておかないといけない。大事な動物を使わせてもらうので、万一のことがあってはいけない。また、この先、水族館にさんざん迷惑をかけることはわかっているから、その恩は体で返すしかない。そういうことから鴨川シーワールドで実習をさせてもらうことにした。

実は、水族館の実習はこれが二度目である。

最初の実習は大学一年のころ、日本三景のひとつ、宮城県の松島湾沿いに建つ〈松島水族館〉（その後〈マリンピア松島水族館〉と改称、二〇一五年閉館）だった。

今でこそ、どこの水族館でも水族館に就職したい学生を中心に、多くの大学生や専門学校生、ときには高校生までもが実習しているが、当時は水族館で学生が実習するなどという発想は誰もなかった。そのため、私はこの水族館での実習者第一号であった。

生まれて初めての水族館実習で、最初にやった仕事はエビの殻むき。何のサカナのエサかは忘れてしまったが、今もそのときのシーンは覚えている。この先長い、私と多くの水族館とのおつきあいは、この水族館でのこのシーンから始まっている。

仕事の変わりダネは「タツノオトシゴ捕り」。目の前の松島湾に船を出し、タツノオトシゴを採集する仕事。船を止めて、ひたすら網をまくとタツノオトシゴがかかってくる。しかし、停泊していたらすぐに酔った。湾と言えど波があり、停泊していてもゆらりゆらりとピッチングとローリングの繰り返しで、一〇分ともたなかった。私の場合、どんな船でも酔うまでの平均時間はだいたいこのくらい。結局、船頭さんにお願いして帰港。仕事にならず、使えない実習生である。

ここでの実習は実験のためとかではなく、やがて水族館という場所で研究するために、まずは水族館というものを経験しておこうと考えたものだった。実はこれはとても重要なこと。それは水族館の実習とは単に経験をするということだけでなく、自分と水族館との相性を確かめることにもなるからである。

水族館スタッフに怒られる

さて、脳波に話を戻そう。

測定自体は三日間の計画だったが、その三か月前から鴨川シーワールドに入り、準備を兼ねて実習をした。

実習の初日、少し時間があいたのでショーを見た。鴨川シーワールドのユニフォームを着たままスタンドの一番前の客席に座って見ていて、スタッフに怒られた。

「それを着ていたら、お客さんからはスタッフも実習生も区別がつかない」

確かにそうだった。水族館スタッフが、一番よい場所で見ていたように映ってしまう。場所を借りて研究するという自分の立場について、自覚が芽生えた瞬間である。

実習では、毎朝職員さんたちと同じくらいの時間に水族館に入り、エサ切り、バケツ洗い、ショーの準備から掃除、砂起こし、それからよくわからない土木作業と、とにかく働いた。いろいろ教わったし、怒鳴られたり怒られたりもした。当たり前の話だ。プールのまわりを掃除していてお客さんにばかにされたこともある。もちろん、笑顔でやり過ごした。

海獣が多いので力仕事が多いなか、圧巻だったのはトドの治療。そもそもトドは身体が大きいうえ、ふだんはのんびり寝そべっていても、ひとたび病気になると気が立っている。これも野生の本能。野生では手負いの状態は身の危険につながるからだ。

そんなトドの治療はスタッフにとってはまさに命懸け。実習生の私は後方支援役のお手伝いだったが、それでも何度かそういう状態の動物の様子を間近で経験した。飼育されていても野生動物、それをあらためて実感した。

実習と実験で鴨川シーワールドに滞在した期間は約三か月に及んだ。これから迷惑をかける分、働いて返すしかないと思い、とにかくいろいろ働いたので、当時の水族館の他部署の人からは中途採用の職員と思われた。そしてこのときのさまざまな経験が、今も水族館での実験を考える基礎になっている。

閉館後のリハーサル

実習の合間に、脳波の測定については何度もリハーサルを行った。

実際にイルカを水から取り上げプールサイドに置き、一連の準備操作や測定するふりをして、そして再び水槽へ返すということを何度もくり返した。リハーサルと言っても、もちろん水族館閉館後でなければできない。また何人ものスタッフに手伝ってもらう必要があり、水族館にはずいぶん迷惑をかけてしまった。

ただ、そういう練習は測定のためもあるが、本番での事故を減らす、時間を無駄にしない、そして、何より動物に余計な負担をかけないことにもなる。

そうしたことをくり返しながら準備と気持ちを整え、いよいよ測定となった。

大がかりな実験なので、夕方、水族館が閉館してから多くのトレーナーの方々が集結した。獣医さんももちろんついている。もしイルカに何かあれば、責任を負うのは私ではなくトレーナーの方々なのである。絶対に迷惑はかけられない。

まず水槽中にいるイルカを取り上げ、測定場所へ運び込む。体重は三〇〇キロはあるので大人数の作業である。

イルカは濡らしたマットの上に置かれた。測定は長時間にわたるが、その間、なんと

イルカを水揚げして、慎重に測定場所へ運び込む。一番左端が私

言ってもイルカの健康状態が最優先である。陸上での測定のため身体が乾燥してはたいへんなので、眼や呼吸孔などの重要な部位と電極付近をのぞいて全身にワセリンを塗りたくる。そして電極を装着し、身体には濡れた毛布をかけた。

いよいよ測定が始まる。初年度に被験体となったイルカは「ホーク」という名前だった。身体にワセリンは塗ったが、さらに乾燥防止のため時々測定を停止しては全身に水をかけ、そしてまた測定……これをくり返した。

そこにいる全員、イルカに何かあってはいけないという猛烈な緊迫感があり、数時間におよぶ測定のあいだ、ほとんどだれも口を開かない。ただ静かに脳波計の音だけが響いていく。

とにかくいろいろな人に迷惑をかけた。脳波計をお借りしたメーカーも同じ。測定では担当の方にずっとつきっきりで脳波計を見てもらった。

こうした測定は三日間行い、さらにそれを二年行った。二年目のイルカは「カイ」と言ったが、一年目のホークも二年目のカイも、無事測定を終えることができた。

さて、測定は見事に成功、鮮明に脳波が取れた。そしてなにより被験体となった二個体のイルカたちも元気でプールへ戻っていった。

結果を簡単に紹介すると、測定はさまざまに条件を変えて行ったが、光の条件によって脳波の特徴も変化した。目から入った光が脳で処理されている証拠である。

おもしろいのは、明るい光のもとでは脳波は活発になり、暗い光になるとゆったりした波形が多くなったこと。ヒトと同じである。

とにかくいろいろな人に迷惑をかけ、支えてもらった研究である。思えば、ある日、学生がいきなりやってきて脳波を取りたいと言い出し、イルカがいつ死んでもおかしくないような実験をさせられたのだから、水族館の方々はさぞや驚いたことと思う。

結果は博士論文に加えることができたが、スタッフの皆さんへの大きな感謝と、そしてイルカのホークとカイにも感謝である。

なぜ漁網にかかるのか

博士論文には、流し網への海獣類の混獲メカニズムの解明に関する成果も含めることにした。簡単に言えば、なぜ網にかかるのかということを調べたい。

漁網というのは薄い半透明な緑色をしていて、これを海中におろすと周囲の薄暗さに網の色合いが溶け込んで、たぶんほとんど見えない。つまりコントラストが小さいのだ。だから網に気づかず海獣たちは突っ込んでいき、あるいはかかっているサカナを横取りしようとして網にからまり、溺死してしまうのである。

そこで、実際どのくらいのコントラストが見えるのかを知るため、コントラストと視覚の関係を調べてみることにした。私にとって初めての行動実験である。

まずは図形を使って調べてみた。

場所は〈南知多ビーチランド〉（愛知県）で、使ったのはバンドウイルカ。

こういう実験は訓練に時間がかかるものだが、このときは一か月という期間で実験することになった。実験の相談に行った初日、初対面の私に岡本一志所長（当時）が、

「村山さん、泊まるところあるの？　うちに泊まれば？」

と声をかけてくれた。その顔と声を今も覚えている。そして本当に一か月ものあいだ、ご自宅に居候させていただくことになった。ご家族には本当に迷惑をかけたと思う。でも、こういう人に支えられて研究ができたのである。

実験は、白い板に描かれたさまざまな明度の円と白い板を水中で見せて、円が描かれたほうを選ばせるというもの。どこまで円が薄くなれば白色板と区別がつかなくなるかを調べた。

明るさも変えたかったが、実験は屋外で行ったので明るさを設定することができない。そこで、自然の力を借りることにした。晴天の日中、夕刻、月夜、新月のとき。それぞれ明るさが違うので、そうした状況のもとで実験すればよい。水族館は研究施設ではないので都合よく機器や機材があるわけではない。そこは知恵でしのいでいくしかない。トレーナーの方々とみんなで知恵を絞ってやるのも、実はこういう実験の楽しさの一つであるし、コミュニケーションが深まる方法でもある。

ところで、このうち新月の夜とは、つまり真っ暗な夜。そして、水中はさらに光がない。そんな暗さでもイルカはちゃんと図形を見て選んでいた。ヒトの眼には見えないような暗さでもイルカにはちゃんと見えている。ヒトには暗い世界でも、ふだんから空気中よりも光の乏しい水中で暮らすイルカにしてみれば苦でも何でもない明るさなのである。

さて実験の結果であるが、いくら明るくともコントラストが小さいと正解率が低く、いくら暗くともコントラストが大きいと正解率が高いことがわかった。コントラストの大小が見え方を左右する……やはりコントラストは大事なのだ。

やっぱりイルカには見えていない

ここまでは図形の見え方の話。しかし、実際に海でイルカがからまるのは図形にではなく網になので、漁網への反応をみないと本当のことはわからない。そこで、〈鴨川シーワールド〉のシロイルカで網を使って実験してみた。

簡単に言うと、網を白色、黒色、緑色のプラスチック板に貼り付け、見えるかどうかをためした。結果は、白い板に貼り付けた網は見えるが、緑や黒の板ではほとんど網が見えない。緑や黒の板は実際の海の中の色を想定したもので、やはり海ではそうして網が見えず、からまってしまうのか。

さて、独学で、何もかも初めてづくしのイルカ研究。ここまで手探りでどうにかやってきたが、これによって博士の学位を取ることができた。

今にして思うと、実はこの博士課程の時代が一番楽しかった。自分がやりたいことが思う存分できた気がする。

博士課程というのはそういう時間かもしれない。

7　失業生活と「たけしの万物創世紀」

お金になる研究、ならない研究

私のイルカ研究のきっかけとなった映画、「イルカの日」のことは「はじめに」でお話しした。たまたま食べたケーキがおいしくてパティシエを目指すようなものだったが、就職についてはもちろん、壮絶な途をたどることになる。

今も「将来はイルカの研究がしたい」と言ってくる若者が少なくないが、研究する分野によりその後の進路に大きな違いがある。

特に研究することにこだわらないならば、水族館の飼育職員というのは最もイルカを相手にした職業と言え、希望する学生も多い。

研究職に関して言えば、「どこに、どんなイルカが、どのくらいいるか」といった資源量について調べるなら、イルカに限らずサカナやその他有用魚介類の資源を研究する分野が存在する。そしてそこでそうした資源解析をする生物の一つとしてイルカやクジラを対象とする形で「鯨類研究」を続けることができる。

しかし、それ以外の分野となると就職の道は一気に狭まる。ほとんどないといってもいいくらい。

何が違うのかというと、要するに産業に結びついているかどうかということ。

先の資源解析のような分野は水産業、食品業などが背景にあるため、研究する意義も需要もある。しかし、それ以外の分野となると結びつく産業がない。まれに環境教育の場でイルカやクジラが対象とされる場合もあるが、それはＮＰＯ法人であったり、ボランティアだったりということが多い。また、獣医の分野であれば水族館の獣医師という道があるが、水族館や動物園の数は限られているため潤沢に就職口があるとは言えない。

イルカの行動や知能については、それがわかったからと言っても、商売にはならない。つまり、お金にならないのである。

ガスの炎も気になる

大学院を修了後は、水産工学研究所に科学技術特別研究員として在籍した。これは、今は無くなった科学技術庁所管の研究職であった。ちなみに、水工研は茨城県の利根川の河川敷に移転していたので、毎日千葉から銚子まで通勤した。

さあ、これからは思う存分、イルカにことばを教える研究だと思ったが、この研究員の任期は三年。あっという間に時間は過ぎる。

そして失業である。

もともとイルカの認知の研究などには就職口がなく、そこにバブルの崩壊が追い討ちをかけた。

イルカの研究を続けるなら大学の教員くらいしか道がない。しかし、たとえば医学部、教育学部、工学部といったような世の中の需要がある分野ならまだ機会はあるが、イルカの行動の研究などは対応する学部も学科もほとんどない。就職口としては狭すぎる門である。ただ、日本ではなじみの薄いイルカという動物の生物学的な特性を知ってもらうには大学での教育を通して理解してもらうのがいいし、学生の研究によって研究者のすそ野が広がるかもしれない。だから、大学で研究することを望んだが、なかなか簡単には行かない。

研究者になることは決して楽な道ではないけれど、しかし、研究者以外の道を考えたことはなかったし、研究者になれないと思ったこともない。だから、失業しても悲愴感もなかった。好きなことに挑むというのはそれなりの負荷もあるわけで、やりたいことがそのままできる人は多くない。皆、何かしらの紆余曲折を経由する。その一つが失業である。

ある日、家でこんなやり取りをしたことがある。

お湯を沸かそうとガスコンロにかけたやかんの底から炎がはみ出している。それを見て、

「火を弱めないと、もったいないんじゃない？」

と言う家内。それに対して、

「でも、火を弱めればそれだけ沸くまで時間がかかるからおんなじだよ」

と言う私。

たわいのない会話だが、ガスコンロの火の強さも気にかける生活。失業とはそういう暮らしである。でも、いずれイルカの研究ができればと、何の不安もなかった。

研究者になる一番の素質は「研究したいか」「研究者になりたいか」である。そうした情熱と知的好奇心がすべての根源になる。

かつて植物図鑑を作った人は、役に立つかどうかもわからずに、まずは手当たり次第に周りの植物を記載することから始めたという。それが後になり、薬効があることがわかったものがあった。イルカの知能の研究だって、もしかしたらいつか社会の役に立つことがあるかもしれない。そのくらいのつもりでいないとこういう研究はできないし、何より楽しくない。

ウナギプロジェクトの手伝い

ただ、救いの手がなかったわけではない。東京大学の修士のときの指導教官のもとでウナギプロジェクトの手伝いをした。

屋内の飼育施設で大量のウナギを飼育しながら、毎週、注射をして成熟させ、人工授精する。そして脳下垂体の細胞内のmRNAを特定の方法で染色するという分子生物学的な内容である。RNAは扱いが難しく、失敗も多かったが、イルカのような大きな動物とは正反対の仕事。おかげで遺伝子の世界というものが少し好きになった。

ウナギとはふしぎな生き物で、半年くらいエサをやらなくても死なない。ちゃんと卵を産み、生まれた卵は孵化もする。仔魚は小さく透明で、まるで細いガラス細工のような美しさである。

さて、生活のためにそうした研究の手伝いにも従事したが、失業ということは肝心のイルカの研究をする場所がないわけで、ここで研究が足踏みしてしまう。

しかし、二つ目の救いの手があった。当時の鴨川シーワールド鳥羽山照夫館長から、「村山君、研究するなら、うちでやってもいいよ」と言っていただいた。

塾の講師、ウナギの実験、大学の非常勤講師などをかけもちしながら、週末は鴨川で実験という生態であった。

三度目のターニングポイント

長く研究に携わると、誰にも「あのときは」と思うところがあるはずである。それは研究上の分岐点であるとともに人生のターニングポイントだったりする。

私にもそんなターニングポイントが三度ある。

最初は「イルカの日」を見たとき、二つ目は、大学院博士課程に進むときに研究室の先生の前で「私、自分でやりますから」と言ったとき。

そして三つ目が、失業中にテレビに出演する話が来たときだった。番組名は「たけしの万物創世紀」（テレビ朝日）。出たのはイルカの「知性」を特集した回で、鴨川シーワールドのシロイルカの水槽の前と、今はなき渋谷ビデオスタジオでの収録であった。失業真っただ中、先の希望もまったく見えない中、初めて出たテレビ。イルカの知性の研究について思うところを話したが、野生イルカの研究者が多いなか、「こんな研究者もいるんだな」と知ってもらう機会になったと思う。

この番組を機に運気が上向いていく。この番組がどん底に底を打ってくれたと、今でも思っている。

8　神経質なイルカ、ダンディなイルカ

「海獣研究室」始動

明日やあさってではないけれど、まあ、一、二年後には就職しているだろうくらいに思っていたら、結局、失業は四年に及んだ。

そんな歳月を経て、大学で職を得る。今度こそイルカの認知の研究、ことばを教える研究ができる。

この大学はいわゆる大講座制なので研究室には正式な名称がない。研究対象は鯨類が中心だが、そのほかに鰭脚類、海牛類、ラッコ、ホッキョクグマ、そしてペンギン。まさに「海獣研究室」である。こうした海の動物の感覚、行動、知能を陸上で研究する。初めてそんな研究室ができたことになるが、もし自分が学生だったら入りたいと思うような研究室にしたかった。

幸い、毎年、こういう分野に興味を持つ学生が研究室の門をたたいてくる。貴重で重要な戦士たちである。

かつて、大学の研究者を目指した理由の一つが「学生の研究によって研究者のすそ野が広がるかもしれない」ことだった。ここでそれが実現するだろうか。

ただ、イルカの認知、すなわち心の中を科学的に知ることは簡単なことではない。

長いことイヌを飼っていると、飼い主はなんとなくイヌの気持ちがわかるときがある。しかし、それが当たっているかは誰にもわからない。

イヌがいたずらしたのを飼い主がおもわず叱ると、イヌはしょぼんとした姿を見せる。飼い主は「反省しているんだなあ」と思ってしまうが、実は違うらしい。イヌは飼い主がなぜ怒っているのかがわからず、とりあえずじっとして嵐が過ぎるのを待っているだけらしい。もちろん、これも本当かどうかわからない。

とにかく動物の内面的なことを知ることはひじょうにむずかしい。「一緒にいればわかる」と思うかもしれないが、それでは科学にならない。自分だけがそう思うのではなく、誰が見てもそう思えること、つまり客観的に断言できて初めて科学になる。

「どこまで見えるか、聞こえるか」といった感覚能力は脳波の一種である誘発電位を測定すればある程度わかる。しかし「何を考えているか」といった認知や知能の話になると、それを測定する機械もないので調べようがない。あれやこれやとくふうを重ね、「きっとこう考えているはずだ」ということを導き出すしかない。その「くふう」が科学であり、具体的な方策が行動実験である。

なぜそうするのだろう、いったい何を考えたのだろう、これを知るには何をすればいいのだろう……頭をひねり、首をかしげ、悩みながら理屈を積み重ねながら実験方法をデザインしていく。そこに行動実験の成功のカギと醍醐味がある。

さて、ではどうやって実験するのかというと、認知の研究は行動実験が主流である。しかし、これまでどこでもそういう講義は受けたことがない。従って、独学と試行錯誤の繰り返しで行ってきた経緯がある。

行動実験をするにはそれなりの段取り、順序そして仁義がある。相手が水の生き物となるとさらにハードルがあがる。ましてやお話ししてきたように「よそ様のもの」をお借りして実験するので、さらに配慮と手続きのハードルが増えることになる。

イルカの行動実験をするには、始める前に心得なければならないことがたくさんある。

情報のなかの事実と想像

すでに述べたように、国内でも国外でもイルカの研究者は野生のイルカを対象としている人のほうが多い。それは当たり前で、海にいる動物なのだから海で何をしているかを知りたくなるのがふつうである。

ただ、海の場合、そうして知り得た情報には事実と想像が含まれることがある。たとえば、海の中で親子のイルカがお互いにピーピーと音を出して鳴き交わしていることは「事実」としてわかるが、ではいったい何を鳴いているのかについては「想像」するしかない。

その想像はどうすれば検証できるだろうか。

野生のイルカで見たこと、感じたことについて、イルカをぐっと手元に引き寄せて、じっくり調べてみるのが飼育研究である。遠くで見ていただけではわからないことを自分のそばで動物と一対一になって詳しく知ること、それが飼育下の個体で研究する価値だし、そうすることでイルカという動物の本質を理解することに近づくことができると思う。

海の中で親子のイルカが何を鳴き交わしているかまではたどりつくのはむずかしいが、

本当に音でコミュニケーションしているのかを実験的に検証することは不可能ではない。親子の鳴き交わしている中身を想像することは楽しいが、それを科学的に証明することができたらその一〇〇倍も楽しい。

実験によってイルカらしい潜在的な特性や能力を調べること、それが飼育研究の本質である。

飼育下実験のおいしくない話

飼育下の実験にはいくつかの利点がある。

まず、個体について。

飼われている個体はふつうそれぞれに名前を付けて識別されているので、個体の履歴がはっきりしている。ほかには年齢や性別、体長や体重、ふだんの健康状態や、これまでの研究の経験などが重要な情報になる。

しかし、野生のイルカでそういうことを知るのは無理。雌雄くらいは判別できるが、あとはどこの誰かもわからないイルカたちである。

飼育下のイルカで実験する何よりの利点は同じ個体を追跡できること。

ずっと同じ個体で長期間を要する研究ができるので、時間の経過に伴う変化とか、系統的な研究が可能である。

野生のイルカではそれは無理で、野生のイルカに何か教えようとしても、次にいつそのイルカに再会できるかもわからないのでは訓練にもならないし、系統的な研究もできない。海で、今、目の前にいるイルカが数日前に見たイルカと同じかどうかも、ふつうはわからない。

しかし、認知の研究は何かを学習させることが基本なので長期間の訓練が必要なものが多く、また、正解率を出すような実験では何度も同じ実験をくり返さなければならないので、とにかく時間がかかる。

それに水族館は研究機関ではないので、実験は本来の水族館としての仕事の合間にやってくれるのだが、そもそもほかの業務が忙しいので、実験ができるのはだいたい一日に二、三回くらい。動物の健康診断とかプールの清掃といった定期的な業務の日はもちろん、急に何か作業が入ったりすることも少なくなく、そういう日は実験どころではないので、そういう実験のできない日があるのも常である。

そんなことも見越して、私の場合は一年をサイクルとする研究が多く、それが同じ個体で二年、三年と継続することもある。なかには、三〇年という長きにわたって研究しているテーマもある。

そのように長期間を要するあいだ、ずっと健康が安定していてくれることを願っているが、屋内で飼育されている場合は屋外に比べて環境の変化が小さいため、健康が維持されやすいような気がする。私には三〇年もの付き合いのあるシロイルカがいるが、私の見る限り、彼は大きな病気もなくずっと健康できてくれた。もちろんそれは獣医さんはじめ、トレーナーの方々の健康管理の賜物であるところは大きいが、屋内飼育では環境が常にほぼ一定なので、ヒトが病気を持ち込まない限り、病気にならないんじゃないかなと思う。

なお、飼育下の個体と言えど、実験でお借りできる個体はその園館の状況に合わせて決まるので、よほど状況が整わない限り、ずっと同じ個体で何年も実験できるというほうが少ない。

飼育下の実験にはこのようにメリットも多いが、おいしい話ばかりではない。

飼育下の研究の欠点は何かというと、まず研究できる種が限られること。

海にイルカは何十種類もいるが、全部が全部飼育できるわけではない。なんとか捕獲して水槽に搬入したとたん死んでしまうようなイルカもいて、飼うこと自体難しい種もいる。また、飼育はできてもショーや研究のための訓練には向かないものもいる。だから、実験ができるのは飼育ができて訓練ができるイルカということになる。

〝図形〟に集中させる

さて、私はそういう飼育下のイルカの認知や感覚能力などを行動実験で調べてきた。野生のイルカを対象とした研究は今も盛んだし、世界的にもどんどん広がりつつある。海ではさまざまな行動が観察され、まれにハッとするような珍しい行動やおもしろい行動が見られることもある。しかし、なぜそうした行動をしたのか、どうしてそういう行動が起きたのかはっきりしないことも多い。たとえば、こっちに向かってきたイルカが、突然、向きを変えて泳ぎ去っていってしまった。それは、気になる異性がいたからかもしれないし、前からサメが来たのが見えたから逃げたのかもしれない。あるいはイワシの群れを見つけて追いかけていったということだってある。単にこちらが嫌われただけかも。いくらでも想像できるが、どれが本当かわからない。

海の中にはそのようにいろいろな要素がたくさんあって、周囲の環境とイルカたちの行動との関係があいまいだったり、現場の状況も刻一刻と流動するために何がどこまで影響しているのかもはっきりせず、因果関係がとらえにくい。だから、周囲の状況から推し量って「想像」するしかなくなる。

そこで「飼育」の出番となる。

イルカの水槽にイルカの天敵はいないし、イワシやサバの群れもいない。また、水槽内に他の個体が同居していても、実験に際してはとなりの水槽に移動してもらったり、飼育員さんが遊び相手になって実験のじゃまをしないようにプールサイドで引いていてくれたりする。そして、飼育下の研究の場合は実験のために条件を統制できる。実験に関係のない刺激はなるべく除去することができるのである。

たとえば二つの図形から一つを選ぶといったことをさせるとき、見せられた図形以外には余分な刺激は無いか、無視できるようになるため、イルカは図形だけに集中できる。そのように統制された環境で実験をするので因果関係もはっきりし、正確・詳細な解析が可能であり、得られた成果も信頼できる。

こうしたことは世界的な大発見の実験でも、いろいろな人との共同研究でも、また、大学四年生の卒論の実験でも変わらない。

「どこでやるのか」問題

こうした飼育下の研究の意義や利点・欠点を頭に入れながら、いよいよ具体的な実験の中身を考える。

どんな研究でも、研究をするにはまず研究目的を考え、実験材料と具体的な方法など、調査や実験の内容を考えていく。これは宇宙にロケットを飛ばす研究も、おいしい蒲鉾を作る研究も同じ。イルカの認知機能を調べたり、ことばを教えようとしたりする研究も然りである。

ただし、イルカの認知の研究ではそこに「研究する場所」が加わる。

日本ではイルカの行動研究をするとき、研究者の所属する場所が実際の実験場所とはならない。実験に際しては自分なりに計画を考えるが、しかしいくら計画が決まっても、そのまますぐに実験ができるわけではない。肝心のイルカがいないのだ。つまり、水族館や動物園に相談しなければならない。これが重要な点である。

園館長や現場の方々に、研究の目的やなぜその動物でやるのか、その意義などを説明する。そして実験させてもらえないかお願いをする。

できることとできないことがあり、それがどんなに世界的な研究でも、水族館や動物園の営業との兼ね合いや個々の事情があり、断られることももちろんある。実験が許可されたとしても、実際には水族館や動物園の状況によって計画の詳細が決まると言ってよい。ときには無理をお願いすることもあるが、そんな無理難題を水族館が聞いてくれることも多く、そんなときは感謝のことばに尽きる。

実験ができるシーズン

水族館は研究機関ではないので、いつでも実験ができるわけではない。一年のうち実験ができる期間は意外に短い。一年は長いからと思っていたら大まちがい。

年末年始、ゴールデンウイーク、お盆の時期を含む夏休み期間など、水族館の繁忙期は稼ぎ時であるから実験どころではない。邪魔になるだけ。実験させてくださいなどと言ったらきっと怒られるから、そんなことは言わない。

ただ、以前、一度だけ夏休みの真っ最中に実験をしたことがある。特に忙しい時期なのに、なぜその時期にわざわざ実験をしたのかよく覚えていないが、夏休みの超過密なスケジュールの合間を縫って、トレーナーの方々の疲労困憊したなかで実験をした。

実験が終わって、トレーナーの方に、
「夏は忙しくて、たいへんですね」
と声をかけたら、
「じゃあ、手伝ってくれますッ？」
と半分怒鳴り返された。こんなときに実験なんてと、きっとみんな怒っていたに違いない。すみませんでした。

それから年度始めの四月や年度末の二月、三月は、私のほうが卒論の指導やら新年度に向けた準備やらで、実験までとても手が回らない。また、園館によっては新年度に向けた新ショーの訓練に忙しいところもある。

こうした時期を除いていくと実験できる期間がどんどん限られていき、一年一二か月のうち、実験ができるのは二か月くらいしかない。そんな限られた期間のうちにあれもこれもと実験しなければならない。

そのとき「調査・観察」と「実験」には大きな違いがある。

調査や観察は水槽内や水中での動物の行動を観察したりするわけだが、少なくとも何か結果は出る。何か変わった行動をしてくれれば、もちろんそれは結果だし、「何も起きない」「何もなかった」というのもデータである。水槽の中でただ泳いでいるだけでも「結果」である。飼育下の認知行動についての観察なら、短い場合は数日で終わることもある。

これに対して「実験」はそうはいかない。

当然、実験が失敗することもあるわけで、失敗ということは何もデータがないことだし、結果が出ないということは「何もやらなかったこと」と同じ。一か月の実験が水泡に帰しかねない。だから、限られた時間で成果を挙げることへのあせりがいつもある。毎回の試行に一喜一憂し、胃が痛くなりそうな日々を経て、終わってみるとへとへとになる。三〇年間、その連続である。

実験期間が限られることのもう一つの難点は、次の実験までの間隔があくということ。たとえば、秋に実験を終了してから、次の再開は翌年の初夏などということもふつうにある。継続した実験などは、また一から訓練し直しになる。

呑み込みの早い個体に出会えたら

実験の目的と場所が決まれば、つぎに考えるのは〝誰〟で実験するかということ。

実験で対象とするイルカの「種」についてはこちらから水族館にお願いするが、実験で使う「個体」は水族館の事情で決まるのがふつう。水槽内の雄雌の関係、繁殖計画上の都合、個体間の相性の問題、ショーとの兼ね合い、その他さまざまな事情で実験に対応可能な個体が決まる。よほどの事情がない限り、個体をこちらから選ぶことはない。

ヒトにも性格の違いがあるように、動物にも個性の違いがある。これはペットを飼っているとよくわかる。

性格もそれぞれなので、神経質な個体もいればおっとりダンディなタイプもいる。人なつこいイルカもいるし、全くこちらに無関心な個体もいる。学習が早く、呑み込みのよい個体や好奇心旺盛な個体、そんなイルカと出会えれば実験もよく進む。過去に実験経験があればさらにありがたい。人なつこいかどうかはあまり気にしない。

今度はどんなイルカだろう……。新しく実験を始めるときの心持ちはそんな感じである。転校して、初めて新しい学校に登校した日の気分に似ている。

こんなふうに水族館の事情に応じて実験のイルカが決まるが、ときには後述のシロイルカの個体のように、偶然の出会いが運命的な出会いとなることもある。

しかし、その園館の状況に合わせて個体が決まる以上、水族館の事情が変われば個体が変わるのもよくあること。覚えもいいし成績も優秀だったのに、繁殖のために別のプールへ移ってしまったり、あるいはほかの園館へ移動したりして泣きわかれになった個体も多い。

よほど状況が整った場合以外はずっと同じ個体で何年も実験できるとは思わないほうがいい。

エサは「報酬」ではない

私の専門は「認知」。動物の心の動きを調べる研究である。

認知の実験なんてあまりなじみがないと思うが、簡単に言えば何かを選ばせたり識別させたりするもの。何を知りたいかという目的を考え、そのために何を見せたり聞かせたりしたらいいかを決め、そしてそれから見せ方や聞かせ方を考えることにする。

よく用いられるのは二者択一や三者択一という方法。いくつもの選択肢の中から、あらかじめ決めておいた正解のものを選んだら「正解」の合図（ホイッスルの場合が多い）をして、エサを与えてその行動を強化する（つまり、また同じことをやってくれるようにする）。

このときあげるエサを「報酬」と解釈されることが多いが、そうではなく、「それが正解」ということを教えるための合図のようなものと考えたほうが近い。

ちなみに、イルカは何かにタッチするときは口先（吻）で行う。トレーナーが出した手のひらに吻先でタッチしているのはよく見る動作であるが、これは「吻タッチ」と呼ばれる。実験でも図形や物体には吻タッチして選択する。胸ビレでタッチすることもないわけでもないが、それはそういうふうに訓練されているからで、イルカが自発的に「握手」を求めてくることはない。

とはいえ、私の場合、初めからイルカの認知実験のやり方を心得ていたわけではなく、独学で試行錯誤して実験方法を模索してきた。

世界の研究者たちが発表する論文などには「方法」が書かれてはあるが、簡潔な文字だけの説明なので、具体的な実験のしかたはそこから想像するしかない。これはほかの研究でもよくあることだが、論文などに書かれている方法通りにやっても、ふつうはうまくいかない。「方法」と書かれていても原理的な記述が多く、各自が創意くふうしている「コツ」のようなものはその行間に挟み込まれていてヒミツである。だから皆、自分流のやり方を編み出していくことになる。

装置は手作り

実験内容が決まれば、実験に必要なものを揃える。特にイルカに呈示する図形などは毎回手作りする。注文するより自分で作ったほうが早いし、安いし、思い通りにしやすい。発泡スチロール製のパネルとか塩ビ製カッティング用シートとか、そんな素材が大活躍する。

二者択一の実験ではそうした図形だとか物だとかをイルカに見せるわけだが、そのときそれらをヒトが手で持って見せることがある。しかし、これはあまり好ましくない。物を手で持ったとき、ヒトはどうしても正解のほうを無意識にわずかに前に出してしまったり、間違っているほうを選ぼうとすると無意識に持っている手や肩をわずかに後ろに引いてしまったりすることがある。選ばせたくないという気持ちがつい出てしまう。人間の性《さが》である。

イルカがこういう「ヒント」を見逃すはずがなく、選ぶべき呈示物の特徴ではなく、「ヒトが教えてくれたほう」を選ぶよう学習してしまう。

また、水中に手で物を呈示したときなどは、水流で揺らいでしまうこともある。流れに負けて揺れ方が大きかったりして、それがまたイルカの気を引いてしまう。

こうしたことを防ぐために、呈示の際には呈示装置が必要である。

動物の認知実験では呈示装置によって物とか図形とかを呈示するのはふつうのことで、よくあるのはパソコンと連動したディスプレーに呈示物が映しだされ、その画面を動物が指でタッチしたり、くちばしでつついたりするものである。選択したものの正誤判定や正解の場合の措置（強化子としてエサが出るなど）などの一連のことはソフトに組み込まれていて自動的にやってくれる。だからヒトが何もしなくても次々と実験がすすんでいく。

しかし、水の動物ではそうはいかない。電気系統のものは使えないし、相手が海水であることを考えて呈示装置をくふうしなければならない。そしてなにより水棲動物にはタッチすべき手がない。

イルカだけでなく海獣類の実験で使う呈示装置の仕様の鉄則は二つある。

まず、錆びたり変質したりしない素材であること。周りは海水だらけなので、金属製は使えない（使えるのはステンレスくらい）。

鉄則の二つ目は動物にとって安全であること。動物が触れても壊れないようにある程度の強度が必要なことは当然として、もし分解や破損、あるいは動物自身が噛んだり、壊したりしても装置の一部が水中に落下してはいけない。動物が呑み込んでしまうかもしれないからだ。だから補強もしておかなければならない。

また、動物がからまったり、挟まれたりするつくりでもいけない。万一、装置に引っ掛かって浮上ができず溺れてしまってはたいへんである。そうしたことも想定してデザインしないといけない。電気で動作するものも感電の心配があり、御法度。

こうしたことから、装置の素材は木製か塩化ビニール製、そして形状はなるべくシンプルなものということになる。それと、なるべく軽いほうがいい。実験場所はショープールであることが多く、実験が終わったらさっさと片づけないといけないので、重い装置では不便である。

こうして原則的なことが決まれば、あとは実際の現場の状況に応じた装置を作ればよい。水槽の形や現場の状況は園館ごとにみなちがうので、統一した規格というものはない。それぞれの園館なりの姿・形をしたお手製の呈示装置ができあがる。そこには私たち実験者だけでなく、水族館の現場のスタッフたちの経験とさまざまなノウハウが詰めこまれている。

さて、そうしてできあがった呈示装置に私は名前をつけている。理由はそういう呈示装置もたいせつな実験メンバーの一員だから。最初は私が自分でつけていたが、最近は学生が命名者であることが多い。

「リハチ」「吻タッチャブル」「スリットスリット」「キャサリン」「カマウチ」「ダンボ」……名前がつくと愛着がぜんぜん違う。

イルカからもこちらが見える

呈示物を呈示できるのは装置だけではない。ヒトがヒントを与えないことが目的なので、それにかなったものであれば利用できるものは他にもある。水槽のガラス面である。

水族館によってはショーや展示の演出のためにショープールの周囲や水槽の一面がガラス張りになっているところも多い。その面からは水中を泳ぎまわるイルカの姿を見ることができ、はなやかなショーに彩りと感動を添えている。

水中のイルカが見えるということはイルカからもこちらが見えるということ。ならば、そこは実験にも使える。ガラス面にターゲットを貼り付けて呈示し、実験者は離れたところから指示や観察をすればよい。

呈示装置に比べて手間もヒマもかからないし、呈示物にヒトが関与しないので実験の精度も高まる。ただ、水中のイルカにしてみれば呈示されたターゲットそのものではなく、ガラス面にタッチすることになるので（写真参照）、何かを選んだ実感が得られず、その分、学習に時間がかかることもある。

ちなみに、ガラス面は「装置」ではないので名前はつかない。

ガラス面に貼り付けたパネルを、吻で選ぶ

オットセイの眼のナゾ

イルカの認知の実験は、そもそも参考にするものも教えてくれる人もない。だから、やり方は自分で見つけていかなければならないが、そこで水族館の知恵が大きな力となる。

実験する動物や個体のこと、それから実験に向けた訓練のやり方はトレーナーの方々が一番よく知っている。自分たちの経験に基づいてあれこれアドバイスをくれる。

実験に使う呈示装置だって、私が机の上でああでもないこうでもないと頭をひねって作り上げたものでも現場ではさっぱり使いものにならず、現場の方々が身の回りの端材でさくさくと作ってくれたもののほうがはるかに使いものになったということはしょっちゅうである。

かつて眼の研究をしていたころのこと。実験で被験体にしていたオットセイの顔を眺めていたら、

「村山さん、なんでオットセイの眼って表面が平たくなってるんですか？」

突然、水族館の人から尋ねられた。

「えっ⁉」

確かによく見ると角膜が平たい。それなりに眼の勉強はしていたはずだったが、どの本にもそんなことは書いてないし、そんなにじっくりオットセイの眼を眺めたこともなかったので、全然知らなかった。でも、そのトレーナーの方はそんなことはみんな知ってる話というような口ぶりだった。

こんなふうに、水族館人にとっては誰でも知っている当たり前のことが研究者には初耳だったということはよくある。それは「知識」だったり「経験」だったりする。

一日中動物と一緒にいる水族館の人はいろんなことを知っている。こういう研究は研究者一人では何もできない。科学者と飼育者の両方の視点がなければ成立しないのである。水族館は重要なパートナーである。だから水族館の人たちの話を聞くのは楽しいし、大好きである。

ただ、水族館にとっては飼育している動物が健康であることと次世代が健全に育成されることが何よりたいせつな使命である。いきおい「病理」や「繁殖」の分野が水族館にとっては最優先の研究になる。そういう分野については館を挙げて研究されることも多い。

それに対して、私のような感覚や認知の研究はどんなにその研究が意義あるものであったり、世界的な大研究であっても、水族館には不急不要な研究と言ってもいい。研究をしたからといって明日からお客さんが倍になるわけでも、また、職員さんたちの給料が上がるわけでもない。要するに、水族館でのこうした研究は水族館のトレーナーの方々の仕事を増やす以外の何物でもない。だから迷惑のかけっぱなしになっている。ずっとそれは忘れずにいる。

落ちた金属板をシロイルカが

飼育下の動物の研究に対して、「飼育下の個体だから野生とは違うよね」といわれるのを耳にすることがある。

確かに水族館は海ではないから、いろいろな条件も環境も違う。それは当たり前。しかし、野生のイルカたちは常にサメやシャチなどの天敵におびえ、その一方で、いつ巡り合えるともわからない異性やエサの群れを探して常に泳ぎ回っている。生物として生まれつき持っている能力や洞察力などには野生も飼育もそんなに大きな違いがあるとは考えにくい。そもそも比較もできないのだから、本当に「飼育下の個体は野生とは違う」かどうかだってわからない。

ただ、飼育のイルカを使って長年実験していると、飼育下ならではの学習が見られることがある。

あるとき、ショーで使っている直径三〇センチほどの平たいステンレスの円盤が水槽に落ちてしまった。水槽は四方が平坦なコンクリートで、金属板はその底に沈んでいる。そのままではショーのじゃまになるので拾って回収しなくてはならない。その水槽にはシロイルカがいたが、そこでトレーナーがシロイルカにサインを出してみた。もともと「拾ってくる」などという種目はショーにはないので、そういう行動は教えていない。
だから出したサインは「行け」。一か八かというところだが、さてイルカはどうしただ
ろう。
数分後、そのイルカは金属板をくわえて戻ってきた。
教えてもいないのに、底に貼りつくように落ちているステンレス板に息を吹きかけ
(正確には口から水流を吹きだし)、金属板がふわっと舞い上がったところをパクッとく
わえて拾ってきた。「行け」というサインだけなのに、何をしたらいいのかを考えつい
たことがすごい。

海の中には金属の円盤なんてないし、それがあったとしても、深く海底に沈んでいる
エサでもないものをくわえて持ってくることはしない。また、シロイルカに生まれつき
そういう発想や習性があったとも考えにくい。だからこの所作は飼育下だからこその行
動で、いつか、何かのきっかけで学習したこととしか思えない。

野生には野生なりの経験があるし、飼育下には飼育下なりの経験と学習がある。それ
は野生のイルカと飼育下のイルカのそうした生活ぶりの違いによる経験知の違いであ
る。

飼育下のイルカが特別かどうかはわからないが、たとえ飼育下であっても、実験で起きたことや得られた結果はイルカがしたことには違いない。

得られた結果については、世界中のイルカがそうでなくても、少なくとも眼の前の一個体がそうであれば十分なのである。

9　実験に飽きられたら、どうするか

付き合いの中のドラマ

学生時代から三〇年以上、いろいろな実験をやってきた。コントラスト弁別、回転図形の認識、透明視、類似図形などの認識、補間、数や順序の理解、環境エンリッチメント、その他いろいろ。それを全部紹介していたら、とてもこの本一冊では書ききれなくなってしまう。

それらはイルカの視覚能力を調べることと認識機序を探ることが目的である。それを知ることで、イルカの言語能力の策定、つまり「ことばを教える研究」の道筋をつかむことができる。

しかし、そうしてイルカとの付き合いが長いといろいろなドラマにも遭遇する。それは研究の成果としての話だったり、ふだんのイルカとの付き合いの中で起きたことであったり、さまざまである。

ここではそんなドラマを共有してみたい。

プールで泳いでいると、水中から空気中のものはよく見えない。プールサイドに誰かが立っていても、ぼんやり影は見えるものの、ゆらゆら揺らいでしまって姿も顔もはっきりしない。水と空気では密度が違うので、その境目で光が屈折するからである。

水族館ではイルカが水中から空気中のボールにタッチするというショーをしているところがある。イルカが泳いできて水中から勢いよく飛び出し、上空高く設置されたボールにタッチするという種目だが、だいたい成功する。イルカは水中からでも正確にボールの位置が見えているのだろうか。

そこでこの種目を利用して、水中からの視覚について調べてみた。

場所は〈しながわ水族館〉（東京都）。

ここの水槽の上空にはボールが吊るしてあり、ショーでは水中からイルカが勢いよくジャンプして吻先でボールにタッチする。成功すると大歓声になるし、高いところから水面に落ちるので水しぶきも豪快で、それがまたお客さんを喜ばせている。

実験では、このボールの位置をずらしてもらった。距離にして二、三メートルくらい。

といっても、ボールはワイヤーについていて屋根に固定してあるので、移動も簡単ではない。またそめんどうな仕事をお願いしてしまった。

さて、移動したボールのことをイルカは知らない。そこでイルカにいつもと同じように、上空のボールにタッチするサインを出してみた。

するとおもしろいことが起こった。

泳いできて勢いよく空中にジャンプして飛び出したのはよいが、それは移動されたボールの位置ではなく、さっきまでボールがあったいつもの位置。もちろんそこにはボールはないから、何にもないところでイルカだけが宙高くジャンプしている。

ボールはいつも同じ位置に吊るされているので、イルカはいつもと同じように水中を泳いできて、何かを目印としたのか、いつもと同じ位置で、そしていつもと同じ強さでジャンプしたのだろう。あるいは、もしかしたらエコーロケーションで壁からの距離を瞬時に測って「だいたい、いつもこの辺」と決めてジャンプしたのかもしれない。本当のところはわからないが、とにかく上空のボールを見てジャンプしたのではないことは明らかである。

「なんだ、やっぱり水中からはボール見えないんじゃん」

そう思ったのだが、でも、そこからがすごかった。

水中から、見えている？

もう一度、同じやり方でイルカにサインを出してみた。すると今度は新しく位置を変えたボールめがけてジャンプし、見事にボールにタッチしたのだ。しかも、その後何度やっても同じだった。

失敗したのは最初の一回目だけで、二回目からは新しい位置のボールに正確にタッチ。移動した位置はイルカにとっては一度も経験したことがないのに、いきなり二回目からそこに正確にタッチができたことは水中からボールが見えていたからとしか思えない。

このあたりからイルカとの知恵比べが始まる。

もしかしたら、最初の失敗のときに横目でボールの位置を覚えていたのではないか。そんな意地悪な見方もできる。であるならば、こちらも意地悪な実験をしてみる。

それは、上空からボールをはずしてもらい、代わりに長い棒の先にボールを吊るし、ヒトがその棒を手で持って任意の位置に出し、それにジャンプさせてタッチさせるというもの。ヒトが移動することによりボールを掲げる位置は毎回変わるので、位置を覚えることはできない。しかし、それでもイルカは水中から元気に飛び出し、正確にタッチした。どこにボールを出しても正確にタッチなのである。

しかし、まだスキはある。

トレーナーがイルカにジャンプのサインを出すとき、イルカは顔を水面から出してそのサインを見るが、そのときボールの位置をチラ見しているのではないか。

そこで今度は、イルカにサインを出し、イルカが水中にもぐったのを見はからってボールを出すことにした。これならチラ見はできまい。しかし、それでもイルカは正確にボールにタッチした。

イルカに悟られまいと思案を尽くし、もうこれ以上、手はないというくらい知恵を絞ってもイルカは水中から空気中に吊るされたボールめがけてジャンプし、正確にタッチした。これは水中からボールが正確に見えていると考えるしかない。

ヒトにはできないことで、なんともふしぎな眼である。

思い込みの失敗

実験では思い込みはいけない。研究するうえで「仮説」は必要だが、仮説と思い込みは似て非なるものである。

〈鴨川シーワールド〉でシロイルカに円と三角形を識別させる実験をしたときのこと。

金属製の円盤と三角形盤を、前面が透明のアクリルになったケースに入れてステージ上から呈示し、水面から顔を出したイルカに三角形盤のほうにタッチさせた。簡単な弁別訓練である。

ところが、何度やっても三角形を選んだり円を選んだりをくり返すだけで、なかなか確実に三角形だけを選べるようにならない。何か図形に問題があるのかと思い、何度も図形をチェックするが、特に問題もない。訓練自体は難しくないし、これまで似たようなことはずいぶんやってきており、この個体にとっては簡単な試行のはずなのになぜできないのだろう。わからない。

そうして訓練していたあるとき、たまたま水槽の掃除で水中にもぐっていたダイバーがちょうど水面から顔を出し、こちらを見るや叫んだ。

「だめだ、村山さん、見えない」

なんのことかと思ったが、すぐにわかった。水面にいるイルカに図形を見せると、水槽の周囲の照明や水面からの光が呈示図形を入れたケースのアクリル面に反射して光ってしまい、イルカからは図形が全然見えないのだ。見えているはずだ、できるはずだと思い込み、見えない図形を何度も選ばせていたわけである。思い込みの失敗である。

実験が成功しないとき、それはたいていやり方、すなわち実験方法がおかしい。つまりヒトのほうにミスがある。それが教訓となった。

イルカには本当にかわいそうなことをした。ごめんね。

「見えない三角形」が見える

イルカは見えたものをどのように解釈しているのだろう。

カニッツアの三角形というのがある（図1）。パックマンのようなものが三つ並んでいるだけなのに、中央にあたかも白い三角形があるように見える（これを「主観的輪郭」と言う）。イルカにも同じように見えるのだろうか。

実験場所は〈しながわ水族館〉。バンドウイルカに図2のような「三角形が見えるもの」「見えないもの」が対になっているパネルを見せて、三角形が見えるほうを選ばせた。するといずれも白い三角形が見えるほうの図形（図2ではどちらの対も左側の図）

にタッチ。

こうした図形対を全部で九組テストしたが、すべて白い三角形が見えるほうを選んだ。もちろんそこには三角形などないのに、イルカには三角形が見えるらしい。そう、ヒトと同じである。

では、錯覚はどうだろうか。

錯覚とは、見たり聞いたりする感覚の機能は正常なのに、実際とは異なったふうに知覚してしまうこと。ちなみに、錯覚のうち視覚におけるものを「錯視」という。

たとえば有名なミュラー・リヤー錯視（図3）では、矢印の中央の直線の長さは等しいのに長さが違って見える。「長さは同じ」と言ってるのに、どうしても違って見えてしまう。このようにタネを明かしてもそうは感じない、知覚できないことが錯覚の特徴である。

こうした錯覚は誰にでもほぼ等しく起こる。ならば、イルカだってそうかもしれない。

では試してみよう。

実験は〈伊豆・三津シーパラダイス〉のバンドウイルカで行った。試した錯視はエビングハウス錯視。図4の中央の黒円は同じ大きさだが、私たちには左の黒円が大きく見

【図１】カニッツアの三角形。よく知られる錯視図形の一つ

【図２】イルカに呈示した組み合わせの例（２対）。周囲の黒い図形の向きや欠け方を変えて並べることで、三角形が浮いて見えるもの（左）とそうでないもの（右）とがある（久保・五十嵐、2003）

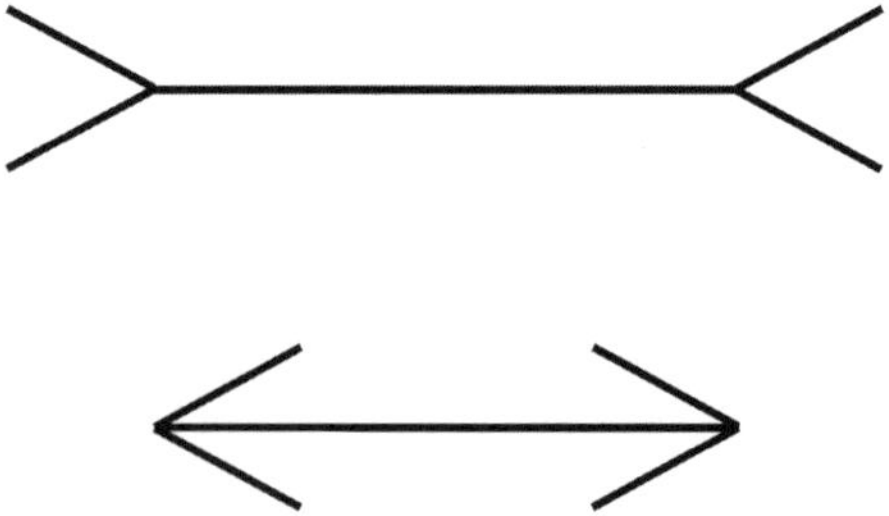

【図３】ミュラー・リヤー錯視。中央の直線は２本とも同じ長さ

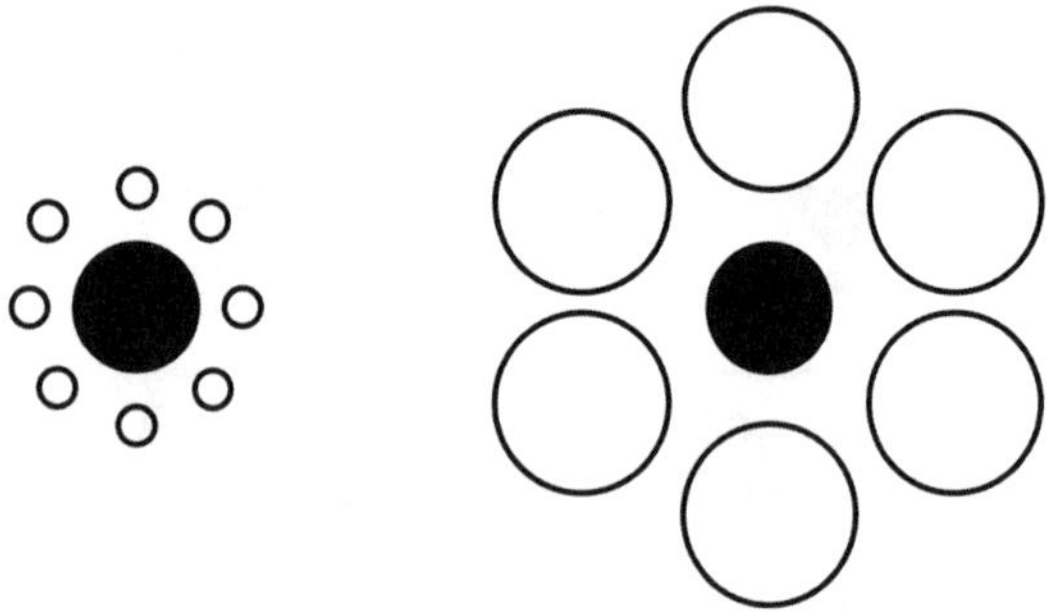

【図４】エビングハウス錯視。中央の黒い円は２つとも同じ大きさ

える。イルカはどうだろう。

　イルカに二つの図形を見せ、中央の円が大きく見えるほうを選ばせた。すると高い割合で左の円を選んだ。ヒトと同じである。イルカもヒトと同じように錯覚を起こすらしい。

　どうやらイルカもヒトも同じように、見えないものが見えたり、脳がミスをするようだ。

　ところで、このカニッツアの三角形にしろ、錯視にしろ、図2や図4のような複雑な図形で、どうやって中央の三角形（に見えるところ）や円に注目させるのだろう。いきなりそんな図形を見せても、イルカは中央の三角形や円ばかりを見てくれない。ことばの通じないイルカ相手にそれがいちばんたいへんなところ。でもそこが知恵の絞りどころで、やりがいがあって楽しいところでもある。

　実際には、はじめは簡単な図形、単純な配置から始め、少しずつ真ん中の図形だけに注目するように仕向けて行く。イルカとの壮絶な知恵比べである。

「鏡の中の私」がわかるか

街を歩きながらショーウインドウのガラスに自分の姿を映してみる。だれしも無意識にやる行為だが、それはそこに映っているのが自分だと知っているから。

自宅で飼っているペットに鏡を見せると、ほとんど鏡を無視か、避けるか、あるいは仲間と思ってじゃれたり、鏡の後ろに回ってみたりする。インターネットには、ジャングルみたいなところに鏡を置いて、そこを通る野生動物がどんな反応をするかを撮影した映像がある。初めて鏡を見た動物たちはだいたいが驚いて逃げるか、鏡に向かって警戒や威嚇をしている。こうした動物たちのどれもが、そこに映っているのが自分だと気づいている様子には見えない。

鏡を見せたとき、それを自分だとわかる動物は少ない。今のところ、哺乳類ではチンパンジー、オランウータン、ゴリラなどの霊長類、ゾウなどが知られている。哺乳類以外ではカササギがおり、なんとサカナのホンソメワケベラも鏡の像を自分と理解できるらしい。

しかし、そうした動物たちが鏡の像を自分だとわかると言っても、個体によって理解できたりできなかったりと、個体差がある。なぜ個体によって違うのか理由はわからないが、研究している身としてはむしろそういうことのほうがおもしろい。

さて、イルカはどうだろう。

実は、イルカについてはすでにバンドウイルカやシャチでの実験例があり、どちらも鏡に反応することがわかっている。しかし、もう少し詳しいことを知りたくて、私はバンドウイルカ、イロワケイルカ、スナメリ、シロイルカ、シャチなどで実験している。

これまで紹介してきた、イルカに何かを選ばせたり識別させたりという実験は、イルカにサインを出したり、正解したらエサをあげたりと、何かと水族館に負担をかけてしまっている。それに対して鏡を見せる実験は、水槽に鏡を置き、あとはイルカの反応を観察するだけなので水族館の手を煩わせることが少ない。鏡を置く分だけお客さんからは水槽が見えにくくなるので、営業妨害と言えば言えなくもないが、でもその分、鏡に寄ってきていろいろな行動をしているイルカを見られるので、お客さんは喜んでくれる。

バンドウイルカの実験は〈しながわ水族館〉と〈新江ノ島水族館〉で、イロワケイルカは〈マリンピア松島水族館〉で、そしてスナメリは〈鳥羽水族館〉（三重県）でおこなった。

鏡に反応するイルカは鏡を出したとたん、鏡に寄っては離れ、離れては寄りの繰り返し。いったんは離れるが、すぐにまた鏡の前に戻ってくる。鏡が気になるのが見え見え。みな、鏡に興味津々である。

圧巻なのはシャチ。

シャチは身体が大きいので、鏡もなるべく大きいものをと思い、A1サイズの鏡を準備。全身は無理でも顔や身体の結構な部分は映る。

ご満悦になったシャチ

鏡をもって水槽に近寄っただけでシャチは寄ってきて、そのまま水槽に沿って歩くとそれについてくる。興味津々なのがよくわかる。

観察を始めるとシャチはずっと鏡の前にかぶりつき。鏡からまったく離れない（写真参照）。鏡の前で口をあけてみたり、身体をよじったり、あるいはあおむけになったりと、鏡に映るのに至極ご満悦の様子である。

ただ、そんなふうに鏡にかぶりつきな個体もいる反面、やはりまったく興味を示さないシャチもいる。鏡のそばを通っても、鏡に夢中になっている個体をチラッと見るだけで、あとは素通り。そういう個体差が顕著に見られたが、その理由はわからない。

ガラス面に貼り付けた鏡の前で身体をよじり、離れないシャチ

次に鏡をシロイルカに見せてみた。しかし、鏡を見てもただ通り過ぎるだけ。はじめからまったく関心を示さない。いろいろな識別の実験で優秀な成績を出している個体なのに、鏡にはまったく関心がないらしい。

こうした動物の反応を見ていると、むしろ反応する個体のほうが少ない。鏡に反応するのがふつうなのか、しないのがふつうなのか、まだまだ謎は残されたままだ。

ところで、鏡に寄ってきただけでは自分自身とわかっていることにはならない。そこに何か映っていること自体に興味があるだけかもしれないし、あるいは映っているのが家族や仲間と思って親しげにしているだけかもしれない。

鏡に映っているのを自分と思っているかどうかを確かめるのに、「マークテスト」という方法がある。もしあなたが鏡をのぞいて顔に汚れがついているのに気づいたら、鏡を見ながら取ろうとするだろう。そういう実験である。

動物の顔や身体の一部に口紅とか塗料とかでマークを付け、動物が鏡を見てそのマークを気にするような行動が見られたら、それは鏡像を自分だと思っている証になるというものである。

シャチでためしてみた。

シャチの眼の後方にある大きく白い部分（アイパッチと呼ばれる）と白い腹部に、わざと鏡から見える範囲で目立つように青いマークを塗り、鏡を呈示してみた。

マークは青なので、シャチには色はわからなくてもコントラストがはっきりしているから、案外目立つ。すると、鏡を見てマークを気にするような行動が頻繁に見られた。大多少、水中で色落ちはしているものの、シャチはあきらかにそれが気になっている。大成功である。

シャチと言えば、〈鴨川シーワールド〉の花形動物。そんな大事な動物にでかでかとマークをつける実験をさせてもらったので、成功して本当によかった。

鏡に映った像を自分とわかることを鏡像認知という。社会性のある動物では他者に対する対極が自己の理解とされている。イルカやシャチでそれが見られたことは、さすがだとばかりにうれしくなるが、しかし、なぜできる個体とできない個体がいるのか、やはりそこが腑に落ちない。

そういえば、ヒトにも鏡への興味は個体差があるような気がする。トイレで鏡をさっと一瞥しただけで去っていくヒトもいれば、ずっと離れないヒトもいる。

遊び道具の好き嫌い

イルカは遊びも好きである。

水槽に浮きやパイプ、その他いろいろな道具を入れてやると、イルカたちはそれを使って器用に遊んでいる。いったいどんな遊び方をするのだろうと思って、調べてみた。

場所は〈横浜・八景島シーパラダイス〉（神奈川県）。お相手はバンドウイルカ。

水槽にいくつかの道具を投入し、それぞれへのイルカの反応を観察した。すると、道具によって遊び方に違いがみられた。どうやら道具に好き嫌いがあるらしい。

塩化ビニール製のパイプで作った四角い枠は大きくて、遊びやすいだろうと思ったが、案外不人気。たまに触れてはみるものの、あまり遊び相手にしない。大きな浮きも入れてみたが、これも気が向いたらちょっとちょっかいを出してみる程度。口に入らないくらい大きいので、口でくわえて遊ぶこともできないし、ややもてあまし気味なうえ、硬くて形も変わらないのでつまらないみたい。

海のイルカは海藻で遊ぶことがある。ヒレに引っ掛けたり、吻先でつついたりするらしい。それを水槽で再現してみようと思った。

塩化ビニールのパイプにホースをつなげて海藻みたいに見える道具を作った。海藻のつもりではあるので「疑似ワカメ」と称して水槽に入れてみた。

結果は惨憺たるもの。全然遊ばない。さわりもしない。姿・形や動きは海藻に似ているのに、何が悪いのか。やはり海のものは海でしか遊ばないということらしい。

一番人気があったのは水道のホースをつないで8の字の輪にしたもの。くぐったり、くわえて形を変えたり、乗り上げて沈めてみたりと、多様に遊ぶ。水流に応じて不規則に形が変わったり、グニャグニャと変形したりするのがおもしろいらしい。ほかの道具には目もくれず、そのホースだけで遊んでいた。

ただ、変形するホースは危険と隣り合わせで、万一、ヒレなどにからまったらたいへんなので、遊び道具として水槽に投入するには気を付けたほうがよい。

しかし、そうした楽しそうに遊ぶ光景も長くは続かない。ひとしきり遊ぶと、スイッチが切れたようにぱたりと見向きもしなくなる。あれほど楽しんでいたホースについても然り。

イルカも「飽きる」のである。

永遠に続いてしまうキャッチボール

イルカの遊び道具として最もよく用いられるのはボールである。からまることも飲み込むこともない安全な遊び道具なので、水槽にボールを入れている水族館はよく見かける。

イルカはそれを水底に沈めては浮かんでいくのを楽しんだり、空中に放り投げてはそれを追いかけたりして遊んでいる。口にくわえて潜水し、口から離したとたんに水面へ浮かび上がるボール、思い通りにならないところがイルカの好奇心をくすぐるらしい。

中には、口にボールをくわえ、首を振ってステージの壁に向かって放り出し、壁でバウンドしてくるのをまた口でキャッチするという遊び方をするイルカもいる。はね返ってくるボールの位置に正確に回りこんでキャッチしているのをみていると賢いなあと感心。子どもの頃、自分の家の塀や壁にボールをあてて遊んでいたのを思い出す。

イルカも同じことが楽しいらしい。

さて、そんなボールでも、たまにはしゃぎすぎて、ボールがプールから飛び出し、ステージの奥まで転がってしまうこともある。そんなとき、立ち泳ぎをしながら水面から何度も顔を出してはボールのほうを見つめ、「誰かとって」というしぐさをする。

ただ、それではということでボールを取ってイルカに返してやると、今度はそのボールでヒトとのキャッチボールが始まってしまう。ひとたびイルカの相手になるとなかなかそのキャッチボールから解放してくれない。こちらが「もうおしまい」と思って背を向けても、こちらをじっと見つめてボールを待つイルカの視線に情が移り、つい続けてしまう。心を鬼にしないと永遠に続くキャッチボール。

そう、イルカの一番の遊び「道具」はヒトである。ほかの遊び道具は、その道具自体が動くことはないが、ヒトはいろいろ自分に対して動いてくれるし、相手になってくれる。

イルカはそのことをよく心得ている。

よくイルカがプールからステージへ自分から乗り上がっていく行動を目にすることがある。ステージで作業している飼育スタッフがそれを見て、プールへ戻してやるのだが、イルカはまた乗り上がってくる。するとまたスタッフがイルカをプールへ戻す……この繰り返しだ。

イルカはヒトにプールへ戻してもらうことが楽しいらしい。見ていればそれがよくわかる。わざとやるイルカに、やめるにやめられないスタッフとの掛け合いである。

仲間にボールを「どうぞ」

ふつう動物はせっかく自分が手にした遊び道具はなかなかほかの個体には渡さない。自分ひとりで遊ぶのに夢中である。偶然横取りされることはあっても、自分から積極的にほかの個体に渡すことはしない。

以前、自分のボールをほかの個体に取られないようにと、隣の水槽とを仕切る鉄の扉と壁との隙間にボールを隠しているのを見たことがある。器用に吻を使って狭い隙間に押し込んでいる。

しかし、ひとしきり時間がたつと、今度はそれを取り出してひとりで遊んでいる。

手も足もないイルカ、そもそも海では物を隠すという習性は起こり得ないので、この水槽で学習したに違いない。何とも賢い。

ところが、そんな「常識」をさらに覆す光景に遭遇したことがある。

格子で仕切られた隣り合った水槽にそれぞれイルカが飼育されていた。すると、片方のイルカが、自分が手に入れたボールを吻を使って格子の隙間ごしに隣の水槽のイルカに渡したのである。格子で仕切られているので自分はそっちの水槽には行けないし、いったんボールを渡してしまったらもうボールは戻ってこないかもしれない。それなのにそういう隣のイルカにボールを渡している。

さらに、ボールを渡す相手がいないと、わざわざ鳴音で呼びつけてまで渡していた。何をしたいのか意図がよくわからないが、もしかしたら、そういうやりとりそのものを遊びとして楽しんでいるのかもしれない。

明らかに「飽きた」場合

イルカが「飽きる」のは道具遊びだけではない。

どんなことでもそうだが、むずかしいことを会得するときには、まずは易しいことから始める。車の免許を取るときも、いきなり路上で練習するのは危なくて仕方がない。まずは自動車教習所内の簡単なコースから始め、いろいろ段階的に練習を積んで所内で仮免を取ってから、やっと公道での教習になる。

イルカに複雑な課題をさせるときも同じである。いきなり難しいことをやってもできない。まずは簡単なことから始めて、徐々に難易度を上げていく。こうしたやり方で訓練をしていくと、イルカ自身もだんだん自分は何をすればいいかということを理解してくる。

本書で紹介している実験も、はじめはこうして簡単なことから訓練をして、さまざまな複雑な課題をやってきた。しかし、この「簡単なことから」というのがときに曲者になる。それは「簡単すぎる」のだ。

上空高く掲げられたボールにタッチするような実験では、最初は手で持ったボールにタッチさせる。あるいは、先に紹介したエビングハウス錯視の実験では、まず円だけが描かれたターゲットにタッチすることから始まる。どちらも単純で簡単なことであるが、これらは「実験」なのでデータとするためには一〇回とか一五回とか、一定回数やり続け、成功率とか正解率とかを算出しなければならない。

しかし、そうして簡単なことを続けていると、イルカはその場をふらふらと離れたり、ほかの個体にちょっかいを出したりし始める。呼んでも遠回りをして戻ってきたり、はては戻ってこなくなることもある。エサもいらないらしい。

簡単すぎることを何度もやるので、明らかに「飽き」ている。たとえば、私たちが九九を延々と暗唱させられていたら飽きるのと同じ。動物に擬人的な解釈はよくないが、しかしこの場合、どう客観的に考えてもイルカが「飽きている」と考えるのが一番自然な解釈。

そんなときはこちらがあれこれくふうしなくてはいけない。選択するターゲットの位置を変則的にしてみたり、トレーナーがサインを出す位置をあちこち変えてみたりと、なんとかイルカのご機嫌を取る。あっちに行ったり、こっちに行ったりと、現場はてんてこ舞いである。

高度で知的な動物だけに、たいへんなのである。

こちらの顔色をうかがう

さて、実験の難易度が上がると迷う行動が出てくる。何かを選ぶような実験で、何を選んだらいいか混乱しているときのイルカのとる行動は三パターンある。

まず一つ目は位置偏向。

二者択一であれ、三者択一であれ、何かを選ばなければならないような試行で、どれを選べばいいかを理解できないことが続くと、やがて特定のものだけを集中的に選ぶようになる。たとえば右なら右ばかり、中央なら中央ばかりを選び続ける。エサで釣ってもどんなことをしても、とにかくひたすらそれだけを選び続ける行動である。

それを選んでもエサがもらえないことはわかっているはずでも、とにかくおかまいなし。されぱと、実験を中断し、時間を変えてイルカに気分転換させても、実験を始めるとまた起こる。こうなるとたいていは何をしてもだめ。ほとんどの場合、こういうときは選ぶものや実験方法そのものを再考しないといけない。

二つ目の行動。選ぶものがどちらかわからなくなるときに見せるのが、こちらの顔色をうかがう行動。これは実験者が間近にいる、呈示されているものがちょっと飛び出ている、などといった条件が整わないとなかなか見られない。とてもレアな行動である。

かつて、シロイルカの二者択一の実験をしたときのこと。

プールサイドからちょっと突き出た二つのターゲットに対して、最初に右側のターゲットにタッチしようとしてきたが、直前で左側のターゲットに方向転換。ゆっくりターゲットに近づくが、明らかにこちらの顔色をうかがって、正解のホイッスルを吹きそうかどうかの様子を見ている。だからこちらも悟られまいとじっとしていると、最後はイルカは両方のターゲットに身体ごと、べたーっとくっつけてタッチしてきた。両方にタッチしてるのだから「正解も選んでいるでしょ」と訴えているようにも見える。

選ぶべき正解を理解できないのは残念だが、しかしこの行動、これはこれで賢い。顔色をうかがい、それがだめなら一か八かのような行動。野生のイルカでは決して学習できない行動。誰が教えたのでもなく、飼育のいつかどこかで身につけた術である。イルカがそんなことをするとは想像もしていなかったが、ヒトもせっぱつまれば同じような行動をする。ヒトと同じじゃないか。

さて、理解できていないときに見られる最後の三番目の行動。

それはひたすら迷い、選択をし続け、試行錯誤をくり返しながら、やがて理解する行動。

ふらふらとその場を離れてしまっても、トレーナーが一生懸命イルカのやる気を起こさせて、根気強くケアしていく。ちょうど勉強が嫌になって駄々をこねている子どもの機嫌をとっているよう。そして、そうしたことが奏功し、やがてイルカは理解をするようになってくる。

理解できないときに見られる行動ではこのパターンが一番多く、訓練している身としては本当にイルカをほめてやりたくなる。

難しい課題でも何度も何度も挑戦し、そしてクリアしていく。イルカとヒトの根競べである。実験では、試行の合間にちょっと間を入れたり、違う種目（実験とはまったく関係のない簡単な種目。ジャンプとか鳴きとか）を入れて気をまぎらわせながら訓練をくり返す。そうすると、少しずつ理解し始めてくる。「カニッツアの三角形」みたいな、見えないものを見せる実験も、ことばを教える訓練も、ヒトもイルカも根気よくやれば、やがては対応関係を理解していく。正解が増えるにつれてイルカの反応も違ってくる。イルカだってわかればうれしいに違いない。

やればできるじゃん、そう実感する。

「どうせ、エサくれないんでしょ！」

動物の訓練では動物がこちらの指示通りのことをするとエサをあげる。実験でも、何かの識別で正解を選択するとやはりエサを与える。これらはもう一度同じこと（同じ正解を選んでもらうこと）をしてもらおうとするためである（これを「強化」という）。

しかし、ときには正解してもエサをあげないことがある。意地悪ではなく、そういう実験手順がある。

たとえば、大小の三角形のうち大きいほうを選ぶように訓練する。それができたら、テストとして大小の円を見せ、どちらを選ぶかをやる。三角形の訓練で覚えたことを応用して円でも大きいほうを選べるかをみるためである。ただし、このとき、イルカがどっちの円を選んでもエサはあげない。あくまでも訓練で学習したことを応用できるかを調べるので、ここで正解してエサをあげたら、応用ではなく、正解の円自体を覚えてしまう。だから正解してもエサは与えない。

訓練した三角形ではエサをあげるが、混ぜて見せる円ではエサを与えない。相手は賢いイルカのこと、これをくり返していると、「この図形（円）が出たらエサはもらえない」ことに気づいてしまう。

イルカにしてみたら、せっかく考えて選んだのにエサがもらえないのだから、毎回そんなことをしていたら実験をやりたくなくなる。言うことを聞かなくなったり、タッチしてても遠回りで帰ってきたり、なかなかトレーナーのもとに戻らなかったり……。あきらかに意欲を喪失している。こうなると機嫌を取るのがたいへんで、イルカがいったん「この実験はつまらない」と思ってしまったら、もう有効な策はない。お手上げ。

シャチで実験したときのこと。

シャチの選択の様子

いつものように訓練した図形に混ぜて、テストの図形を呈示した。上述したように、テストの図形では何を選んでもエサは与えない。

こうして実験をくり返していると、訓練した図形に対してはよく見て選んで（写真参照）、穏やかにトレーナーのもとに帰っていく。しかし、テストの図形が呈示されるや、図形をたいして見もせず、勢いよく泳いできて乱暴にタッチしたかと思うと、わざと周囲にかかるほどの水しぶきをあげて戻っていく。

「どうせ、エサくれないんでしょ！」

そんな行動である。ひらきなおったシャチを初めて見た。

でも、そんなふうにひらきなおっても、

「こっちを選べばいいんでしょ！」

と、ちゃんと正解はする。そこがすごい。

ヒトの顔を覚えるか？

「イルカってトレーナーさんのこと、わかるんですか」

これは水族館でもよく聞かれるらしいし、実際、誰でも興味のあることである。

イルカはヒトの顔を覚えるのか。

そこで、イルカがふだん見慣れているトレーナーと初顔の私の研究室の学生とを区別がつくか試してみた。

まず二人の顔を写真に撮って、顔だけ切り抜いてボードに貼り付けてイルカに見せた。

そしてどちらを選ぶかみたところ、選ぶ割合はどちらも同じくらいの割合だった。区別がついていないともいえるが、もともと顔だけだったのでヒトとはみなしていなかったのかもしれない。

そこで二人に違う洋服を着せてイルカの前に立ってもらう実験をした。まず同じ服を着るところから始めると、トレーナーと学生を区別できなかった。そこで、徐々に二人の着るものを違えていったところ、途中から区別できるようになった。顔はずっと同じように出っ放しなので、顔で区別したのではないことは明らか。違えたのは服装だけなので、それが区別の決め手にほかならない。要するに、一番わかりやすい特徴で区別したということである。

顔で区別するというのはいかにもヒトらしい発想である。

職場の転勤や学校の転校などで、新しい環境でまず覚えることはヒトの顔。顔でヒトを識別しようとするのは、それがヒトだからである。「顔色をうかがう」「顔に書いてある」などというように、ヒトはまず顔に注目し、顔で相手の様子を探ろうとする。

これに対してイルカの顔には神経が少ないので、顔の筋肉を動かして何かを表現するということがない。「イルカの笑顔」とか「イルカがほほ笑んだ」などという表現を見かけることがあるが、残念ながら、イルカは笑わない。顔に表情がないので、イルカが相手のイルカの顔を見て何かを判断するということはしない。それはひじやふくらはぎでヒトを識別しようとするのと同じ。イルカはもっと特徴的なところを手がかりとして識別しようとする。

ではなぜふだんから世話をしてくれているトレーナーを、最初から識別できなかったのかというと、おそらく実験では、ただ立っているだけだったからと思う。イルカはふだんからエサをくれたりケアしてくれるトレーナーは、そのシルエットだけでなく、歩き方、足音のパターン、そして声など、そうしたことを総合して認識している。

一見さんが猫なで声でイルカに近寄っても無視をされるだけなのはこういうことである。

オットセイ、ホッキョクグマでも

ここまでイルカの話ばかりしてきたが、ちなみに、もちろん他の海獣でも研究している。

今から二十数年前、かつての〈江の島水族館〉で、キタオットセイを対象に音源定位という実験を行った。音がどこから聞こえてくるかをさぐる能力を調べる実験で、離れた二つのスピーカーで音が聞こえたほうのそばにあるバーにタッチするという超高難度の実験である。トレーナーとの二人三脚で試行錯誤の繰り返しだった。陸上歩行が得意ではない動物に陸上で実験をしたので、動物もやりにくかっただろうと思う。〈鳥羽水族館〉では生まれて間もないセイウチに鏡を見せてみた。すると怖がってしまって、鏡に寄りつきもしない。鏡を陸場へ上がる階段近くに設置したため、鏡を見せているあいだずっとセイウチは水から上がることができず、かわいそうなことをしてしまった。

ジュゴンも〈鳥羽水族館〉で研究している。「セレナ」という個体とは長い付き合い。彼女は小さいころからヒトの手で育てられていて、人懐こさは抜群。プールサイドに立つとむこうから寄ってくる。

しかし実験ともなると、その成果たるや、すごい、すごい。それだけで一冊の本になりそうなスーパージュゴンである。

ラッコも同館で実験した。見ているだけでつぶらな眼に吸い込まれそう。国内の飼育数が激減しているため、緊張の中の実験である。

動物園でも研究をしており、〈静岡市立日本平動物園〉（静岡県）とも長いお付き合いになる。最初に研究したのはホッキョクグマだった。ちなみにホッキョクグマは間近で眺めてみるとかわいいものだ。特にマズル（鼻先から口の周辺にかけての部分）が好き。

触ったらきっと、ビロードのような手ざわりに違いない。

この動物園ではゴマフアザラシでも実験を行ってきた。大きさや数、順序などの概念の認識実験をしているが、実験前はいつも首から上だけ水から出し、垂直に浮かんで待っている。ただ、この姿勢はできるアザラシとできないアザラシがいる。どうやらコツがあるらしい。

こうしてイルカ以外にもさまざまな海獣を相手にしてきたが、どの動物も個性がある。イルカとはぜんぜん勝手が違うことも多く、そこで実験方法をくふうするのが、また研究の楽しさを呼ぶものである。

こうした海獣たちは研究対象としてはあまり話題にされることがないが、いつか彼らの意外な知的能力にも陽の目を見させてあげたい。

10　ナックが私の名を呼んだ

「イルカは賢い」の火付け役

一九六〇年代中ごろにあったテレビ番組の「わんぱくフリッパー」をご存じだろうか。フリッパーという名の賢いイルカと、その飼い主である家族とのやり取りを描いた、アメリカ制作の実写ドラマである。そこでは、沈没した潜水艇に閉じ込められた家族をフリッパーがロープを使って見事助けたといったストーリーがお目見えした。こうした番組を通してそのころの日本人に「イルカって賢い」というイメージが植え付けられた。しかし、やがてこのドラマも終わり、そして時の流れとともに日本人の認識から「イルカは賢い」というのは消えてしまった。

だが、そもそもこの「わんぱくフリッパー」には「イルカは賢くて知的な動物」という理解が背景にあった。それをもとに、イルカを主人公に据えたと言ってよい。では、いったい誰が「イルカは賢い」と言ったのだろう。

イルカが賢いと最初に言ったのは古代ギリシャの哲学者アリストテレスである。しかし、そんな遠い昔のその思想が現代のアメリカや日本にまで届いていたとは考えられない。

もっと近代科学の時代になってから、J・C・リリィという科学者が注目を集める。リリィはアメリカの大脳生理学者で、一九六〇年代には最先端の研究をしていた。そのころは日本の脳生理学者からも崇敬され、交流もあったらしい。

しかし、彼は脳を研究しているうちにヒトの脳では限界を感じ、動物の脳に関心を持ち始める。そして、やがて巨大な脳を持つ動物としてイルカの脳に「遭遇」する。

イルカの脳が半球睡眠をしていることを最初に見つけたのはリリィである。そして、その大きな脳に接するうちに、大脳生理学者の眼から見てヒトより複雑な脳を持つイルカは深い知性があるに違いないと考えた。

イルカの脳に接したリリィはイルカは知的な動物であると明言し、それが「イルカは賢い」という発想に繋がった。すなわち、リリィこそが「イルカは賢い」と言った張本人だ。

リリィの研究には海軍や空軍、アメリカ国立科学財団などが研究費を補助したが、のちに彼は国立衛生研究所からも補助を受けてイルカの研究を行っている。国が認めたイルカの知能の研究ということになる。

「イルカ語辞典」

やがてリリィはヒトのことばをイルカに教える研究を始め、ヒトのことばの発音などを試みた。つまり、イルカにことばを教える研究をした最初の人がリリィである。私がこの道を志すきっかけになった「イルカの日」という映画に出てくる研究者は、実は彼がモデルである。だから、私にとってリリィはバイブルみたいな人ということになる。

また、彼はイルカの鳴音を分析し、一九七〇年代に「イルカ語辞典」を作ろうとした。しかし、結局、そうした一連の研究は頓挫することになる。

リリィは脳の機能を研究するうちに自我や自己の意識に着目するようになり、外界の刺激を遮断し、体温と同じ温度の硫酸マグネシウムの水溶液を満たしたアイソレーションタンクの中でＬＳＤを用いて「変性意識状態」と呼ばれる状態を作り出し、脳内を客観的に知ろうとする研究を行っていた。そうした研究は『バイオコンピュータとＬＳ

D』といった著作に著されている。

五〇年も前のことなのに、脳を生命コンピューターと考えていたことはまさに現代にも通じる発想である。

そんなリリィだが、言語の研究をやめてしばらくたった一九九二年、前述のアイサーチ・ジャパンの招待で来日している。私もパーティーとシンポジウムで同席したが、すでに高齢ではあったが、鋭い眼光は衰えておらず、イルカのことばを解明しようとする意欲は健在であった。

ただ、その志も半ばのうちに、二〇〇一年、リリィはこの世を去った。

ジェスチャーでことばを教える

イルカにことばを教えた研究者はもう一人いる。前出のハワイ大学のL・M・ハーマンである。

リリィが生理学的な観点から脳からのアプローチだったのに対して、ハーマンは認知科学というか心理学からのアプローチをした。

ハーマンが有名になったのはバンドウイルカにジェスチャーでことばを教えたことで

ある。ちょうど手話のように、いろいろな身振り（ジェスチャー）をイルカに見せて、その指示通りに行動できるかを調べた。その様子はテレビでも何度も紹介されているが、今から数十年前に、今はなき「知られざる世界」（日本テレビ）という番組で見たことがある。まさかその何十年もあとに自分がそんな研究をするなんて夢にも思わず、ふしぎな感覚でそのテレビを見ていた記憶がある。ちなみに前述した、私が初めて出た「たけしの万物創世紀」の中でもハーマンの実験が紹介されている。

ハーマンはワイキキの海岸に研究用のプールを持ち、そこで自分たちのイルカを飼育しながら言語の研究をしていた。ちなみに、ハーマンとは一度だけ、ハワイの学会で私のポスター発表を見に来てくれたときにことばを交わしたことがある。

本書ですでに紹介したイルカの言語理解能力の研究はすべてハーマンによるもので、彼の研究では、ジェスチャーをいくつも続けて呈示することによって「文」を作ってイルカに見せた。そして、二〇〇〇種類もの文に対してその意味通りに正しく行動し、間接目的語や直接目的語といった文法までも理解できたことが報告されている。また、前述した「二頭で協力して、新しい行動を創造しなさい」などといった超高難度の文もイルカはちゃんと理解し、行動することができている。

しかし、この研究で一世を風靡したハーマンも二〇一六年、逝去した。

ところで、ことばを教える研究をされた動物はイルカだけではない。元祖はやはり霊長類で、トップバッターはチンパンジーである。

それはヒトのことばをチンパンジーに発音させようとしたものであったが、結局、発語できたのは数語だけ。チンパンジーとヒトとは喉頭部の位置が違うため、ヒトのような発音はできなかったのである。

ほかには、別のチンパンジーやゴリラにおいて、手話のようにハンドサインを用いてやり取りした研究や、ボノボやチンパンジーでは図形文字というものを利用して言語能力を調べる研究が行われてきた。

日本では京都大学霊長類研究所のチンパンジー「アイ」がよく知られている。このアイの研究も図形文字を使ったものであるが、数や色、人名など、一つ一つ意味をもった図形文字を教え、それを組み合わせて文にして理解させるというものである。私も実験を見せてもらったことがある。アイがディスプレーの前に座って自分で画面にタッチしながら、画面に出るさまざまな図形文字を相手に「勉強」していた。

オウムの研究も有名である。「アレックス」という名のオウムは色や数がわかったほか、「同じ」と「ちがう」も理解していた。アレックスはヒトが英語で質問したことに英語で答えることができたが、これは聴覚による言語訓練の研究である。

さて、イルカも含めて、ここで紹介した動物にことばを教える研究では、いずれもヒトが出すいろいろな指示を動物たちが理解しており、一定の言語能力はあると思われる。ただしそれはあくまでもヒトの言語を理解する能力である。

また、ハーマンのイルカの研究では、イルカはハンドサインを解釈して高度な文法を理解することができているが、イルカには手も足もなく、あるのはヒレだけなので、イルカのほうからハンドサインを出すことはできない。すなわち、イルカが自分から文を作って表現したということはない。これは、ほかの動物でも同じ。

ヒトからの一方向的な指示に従うだけでなく、動物のほうからも何かアピールできることができて初めて「コミュニケーション」である。私はそう思っているが、もしそんなことが実現できたらすばらしい。

だから、それが私のイルカ研究の課題である。

「私、こういう鳴き方をするイルカですが」

ところで、イルカと「話す」研究をするのであれば、わざわざイルカにことばを教えるよりも、イルカたちの鳴音を分析して、イルカたちの「話している」こと、イルカ同士の会話を研究したほうが早いと考えるのが自然である。

イルカたちが鳴音（特にホイッスルと呼ばれる口笛を吹いたように聞こえる音）を使ってお互いに何かを「しゃべっている」ことはさまざまな観察例から示唆されてきた。そのため、一九七〇年代あたりには多くの音響研究者らによって、イルカの鳴音を解析し、その意味を解明しようとする研究が盛んに行われていた。しかし、結局、何もわからなかった。

理由はいくつかあって、そのひとつには鳴音と行動とが一対一に対応していないことがある。つまり、同じ鳴音を発していても、そのときのイルカの行動がまちまちであったり、逆に、同じ行動でも鳴いている音はさまざまなパターンであったりと、その鳴音がいったい何を表しているのかがわからなかったのである。

唯一、こうした研究でわかったのはバンドウイルカなどいくつかのイルカではそれぞれの個体固有の鳴き方があるということ。それは前述したようにシグニチャーホイッスルと呼ばれるが、群れに入っていくときとか、ほかの個体にコンタクトを取ろうとするのに、ちょうど名刺のように「私、こういう鳴き方をするイルカですが」といったような使い方をしているのではないかと考えられている。

しかし、それにしても鳴いている鳴音の意味については、相変わらず何を「言っている」のかはわからないままである。

そして、そんなことが続くうちに、イルカの鳴音を解析しようとする研究は誰もしなくなってしまった。やはり、動物の考えていることを知ることは簡単なことではない。

こうした過去に行われたイルカにことばを教える研究はいずれもイルカと「話したい」という目的ではなかった。ふつうはそんなことは考えないからである。

しかし「イルカと話したい」私は、イルカにことばを教えて、それで「話せる」か、それを追究している。

イルカにことばを教えるプロセス、それは見知らぬ国に突然流れ着いたことを想像するとよい。

見ず知らずの土地でまず最初にすることはその土地の人たちが何を話しているかを理解すること、すなわちその土地のことばの意味を知ることである。しゃべっているのが、ものの名前なのか動作なのか、命令しているのか、質問なのか、それを知りたい。それはつまり「単語」を覚えることにほかならない。

物に対してそれに対応する呼び方を覚える。次に、物に対してそれが表す記号（文字）を覚える。そして最後は文字を見たらそれが意味する物の呼び名を呼ぶ。私たちはこうして英語を学んできた。英語に限らず、ヒトがことばを覚えるということはこういうことなはずである。

しかし、たとえばリンゴを見てじっと腕を組んでいると、自然と「ａｐｐｌｅ」というスペルが頭に浮かんでくるわけでもないし、「アップル」という発音が聞こえてくるわけでもない。ではどうやって私たちはリンゴを見て英語のつづりや発音を知ったのか。

それは先生がリンゴを持ちながら黒板に「ａｐｐｌｅ」と書いたのを見て、あるいは何度も「アップル、アップル」と言うのを聞き、私たちはそれを「マネ」して覚えた。

もし突然見知らぬ土地に流れ着いたときも、土地のことばの意味を知ったなら、次はそれをマネて使ってみるはず。英語も同じである。

ちなみに、方言もそれと似ている。東北生まれの私は東北各地で引っ越しを繰り返してきた。一口に東北弁と言っても、県によってことばが全然違う。はじめは「外国語か？」と思うこともあった。だから、引っ越した先ではこうしてその土地のことばを覚えてきた。

さて、イルカにも同じことをすればよい。物を表す音（呼び方）を教え、物に対応する記号を教え、そして記号を見たらそれが表す物の音で呼ばせる。模倣はそれをこちらへ伝えるときに使う。

「きっとうまくいくはず」

そう確信している。

シロイルカのナック

イルカの実験では水族館の事情に応じて実験が可能な個体、実験に向いている個体が検討され、そうしてまず最初に被験体となるイルカが決まってきた。このように、ふつうはどんな研究でも動物が先に決まる。

しかし、この「イルカにことばを教える研究」はそうではなかった。

〈鴨川シーワールド〉で実習をしていたときのこと。

たまたまマリンシアターという水槽の前を通った。そこは全面ガラス張りの大きな水

シロイルカのナック

槽。ガラス張りということはこちらから中にいるイルカが見えるし、イルカのほうからもこちらが見えるはず。また、屋内の水槽であるから、環境の変化もあまりないのではないか。

「ことばの研究はこの水槽がいいな」

直観的にそう思った。そしてそのときその水槽にいたのがシロイルカの「ナック」というオスの個体であった。

ナックは一九八八年にカナダからやってきた。日本ではいくつかの園館でシロイルカが飼育されているが、現在（二〇二一年八月）、カナダからの個体はこのナックだけである。

現在、マリンシアターの水槽ではロシアから来たシロイルカと同居しているが、カナダ生まれとロシア生まれでは口や吻の大きさのバランスなど、顔だちに微妙な違いがある。

ナックは少し気が強いところもあるが、根がまじめで、曲がったことが嫌いな性格の持ち主。水槽内では、そんなナックに他のイルカたちも遠慮がちに距離を保っているが、でもそれは一目置いているようにも見える。ちなみにこれまで本書でお話ししてきた〈鴨川シーワールド〉のシロイルカの実験の主役はほとんどがこのナックである。

こうしてことばの研究はこのナックで始めることになった。

研究の中身を考えてイルカの種類を決めたのでも、性格を吟味して個体が決まったのでもない。劇的なことがあったわけでもなく、たまたまそこにいただけ。イルカのほうがあとから決まった形だが、しかし、その出会いが私には運命的なものになった。

たどりついた「夢のはじまり」

さて、ここまで紹介してきた例のほかにもたくさんイルカの視覚能力や認知機能に関する研究を行ってきたが、そうした実験の結果から、どうやらイルカのものの見え方や考え方にはヒトと共通するところがあることがわかった。

であるなら、ヒトにことばを教えるときの方法がイルカにも使えそうである。

これでようやくイルカにことばを教える研究にたどりついた。

「夢のはじまり」である。

ことばを教える研究、まずは「物を記号で表す」ことから教えた。

私たちは食事をするときに手にする器具を「はし（箸）」と書く。このように、その物は文字でどう書くのか、どう表すのかということをイルカに教えたい。

ナックに教える物はふだん見慣れている物を使う。理由は初めて見る物や見慣れていない物だと、それに対する警戒心を持つことがあるからである。なので、まずは見慣れた物から始めるのがよい。

実際に使った物は水泳で使うフィン（足ヒレ）、マスク（水中メガネ）、金属のバケツ、そして長グツである。

ここは水中ショーを行っているので、フィンやマスクはナックにとって見慣れた物だし、バケツはエサを運んだりするときに使われる物、長グツはふだんみんながはいている物である。

私たちはこれらを「フィン」「マスク」「バケツ」「長グツ」という文字で書くが、ナックにはこれら四つの物を表す記号は「⊥」「R」「>」「O」ということを教えた。

実験方法はシンプルで、まず物を見せ、次にいくつか記号を見せて、物に対応した記号を選べば正解として、エサを与える。これをくり返せば、物に対応した記号を覚えるはずである。

使う呈示装置は吻タッチャブル。まずそれに記号の書かれたターゲットをとりつける。そして、物は手持ちでナックに見せ、それから呈示装置にかかったターゲットを見せ、ナックに選ばせるという段取りである。

方法はシンプルだが、実はそう簡単な課題ではない。例えばフィンを見せてフィンを選ぶなら簡単だが、フィンを見せて、それとは似ても似つかない「⊥」を選ばなければならない。マスクを見たら、まったく違う「R」を選ばなければならない。「なんでそれを選ばなきゃいけないんだ？」という声が聞こえてきそう。これを条件性弁別と言い、実はかなり難易度の高い実験である。

訓練は何度もくり返して学習させる。私たちが勉強をするときと同じである。そして覚えるまで何度もくり返すから、時間がかかる。学習に時間がかかること、これは認知の実験の宿命である。

しかし、ナックはこれまで数々の実験を経験しており、また、ショーでも知能テスト

ナックが吻先で記号選択する

のような種目もこなしているので、この種の試行は呑み込みが早い。物を見て、それから記号を見て吻タッチ。スムーズである（写真参照）。

そうして訓練を重ねていった結果、ナックはフィンが出たら「⊥」、マスクのときは「R」、バケツには「∧」、そして長グツに対しては「O」を正確に選ぶことができるようになった。すなわち、これらの四つの物に対応する記号を覚えた。

かくしてイルカと話すという「夢の扉」は開かれた。イルカの研究を始めてからもう九年が過ぎていた。

「逆」は選べない

コーヒーを飲むときの容器は「カップ」。そして、「カップはどれ？」と聞かれれば戸棚の中に並んだいろいろな瀬戸物からカップを選ぶことができる。

初めて見た物でも、「これはA」と言われれば、その逆の「Aはこれ」というのは誰でもわかる。しかし、動物ではそうはならない。

ナックはフィンが「⊥」に対応していることを覚えたので、さらばその逆はと思い、「⊥」を見せてフィンとマスクを並べてみた。簡単にフィンを選ぶと思っていたが、そうではなかった。フィンとマスクを何度も見比べては一生懸命悩んでいる。結局、フィンを選んだり、マスクを選んだり……。

「フィン↓⊥」はできるのに、その逆の「⊥↓フィン」ができない。はじめは何かやり方がまちがっていると思い、さんざんやり直してみた。しかし、何度やり直してもできない。

マスクでやってみた。やはり同じ。マスクを見せて「R」は選べても、「R」を見せるとフィンとマスクのどちらを選べばいいのか明らかに迷っている。

どうやら本当に逆ができないらしい。「A↓B」ができても「B↓A」ができないのである。

「A→B」に対して「B→A」の関係を対称性という。

私たちヒトは、こんな簡単なことなのにと思うが、実はできない動物が多い。あの賢いと思われているチンパンジーでも最初は失敗する。

なぜだろう。

おそらく、動物の生態においては何かを逆に考えるということは少ないのかもしれない。そういう機会がない動物が逆にものを考えることはできないわけで、生態で起こらないことの能力が身についていないのは当たり前である。

ヒトが対称性を理解できるのは生まれてからの想像しきれないほど膨大な数の「経験」によると考えられている。実際、経験を積んだアシカでは自発的に逆（対称性）が成功している。

さて、せっかく物に対応する記号は覚えたのに、その逆ができないことになり、ここで途方に暮れてしまった。はじめたばかりの「ことばを教える研究」、もうつまずいてしまった。

しかたがないので、この関係を教える実験は暫く中断し、別のことをするしかない。

ロイターが取材に来た

記号がだめなら、呼び名を教えよう。

水泳のとき足につけるものは「フィン」と言うし、顔につけるものは「マスク」と呼ぶ。そこで、同じことをナックに教えることにした。物の呼び方を教えるのである。ただし、「フィン」や「マスク」は人間語だし、きっとイルカは呼びにくい。だからナックが呼びやすい音を使って、フィンとマスクを呼び分けさせることにした。

すなわち、フィンは高い音、マスクは高く長い音、バケツは低く吠えるような音、そして長グッ音は問いかけるような「ホウ？」という音……と鳴き分けさせた。

ところで、ナックは実験好きなので、試行の合間には次の課題をせかすようにじっとこちらを見て待機している。勉強好きらしく、やる気満々である。

なので、たとえばフィンで鳴かせようと思って、フィンを手に取ったとたんに鳴いてしまうこともあった。もちろんそれはそれで正解なのだが、実験の手順としては、やはりちゃんと見せたときに鳴くのが正確さにつながるし、好きなところで鳴かれてはその正確さにぶれも出る。何より強化のポイントがずれてしまう。

そこで、「答えなさい、反応しなさい」の合図を作ることにした。使ったのは懐中電灯。

懐中電灯の前面に赤いセロハンを貼って光を弱め、これをナックに向けて点灯したときが「答えなさい、反応しなさい」という合図とした。

実験はフィンをもってナックに見せ、懐中電灯を点灯してから鳴かせるようにした。ナックはすぐに会得した。これで一試行のメリハリがつく。あいまいな行動もなくなり、判定もしやすい。ちなみにこの懐中電灯の合図はほかの課題でも使うこととした。

さて、イルカは音感の動物。自ら音を発してコミュニケーションをとる動物であるから、そもそも聴覚をつかったやり取りは得意なはず。案の定、これら四つの物に対応した音についてはすぐに覚えた。フィンを見せればフィン音を発し、バケツを見せればバケツ音で鳴いてくれる。

ここまでできあがったとき、イギリスの通信社のロイターが取材に来た。どこで知ったのかわからないけれど、世界的な通信社に注目されたのはうれしいものだ。でもどこか半信半疑でいた。するとしばらくしてハワイ在住の知人から「おめでとう」というメッセージが届いたので、本当に世界に発信されたんだと思った。

さて、物を見て鳴けるようになったので、その逆の訓練もした。スピーカーからフィン音、マスク音と、それぞれの音を流し、それに対応する物を覚えさせたのである。もちろんこれも難なく学習した。

これでフィン、マスク、バケツ、長グツの四つの物をナック語の音で呼ぶことを覚えた。

動物トレーナーとの二人三脚

言語の研究に限らず、ここまでさまざまな実験についてあれこれ説明してきた。ただ、文章ばかりでなく、もっと実験風景の写真があればわかりやすいのにと思われるかもしれない。しかし、どの実験でもそれらしき写真がほとんど登場しない。理由は簡単。ないのである。撮ってくれる人がいなかった。

この言語の実験は、いつも動物を動かすトレーナーと、その横で記録をしたり、次の試行を指示したりする私との二人だけでやってきた。だから、写真を撮る人がいない。ずっとそんなふうにしてきたので、実験風景などの写真がほとんどない。別に、写真を撮らなくても実験はできるので、気にもしなかったが、今にして思えば、ナックがあれやこれやと苦労している姿をおさめておいてあげたらよかったと思う。

ところで、実験に使う動物（個体）が決まると、実験ではその動物の担当者が動物を動かすのがふつうである。この研究でもはじめはナックの担当者が動物を動かしてくれていた。

しかし、実験が進むと、特定の人が「専属」的にこの研究を担当してくれることになった。勝俣浩氏（現・鴨川シーワールド館長）である。この研究はここまでも長かったし、この先もまだまだ続く研究であるので、担当者がずっと同じ人というのはすごく助かるし、一連の研究の履歴を全部わかっているわけなので、相談もしやすい。

というわけで、これから先、ナックにことばを教える研究は勝俣氏との二人三脚で進めることになった。

一〇年後にできた「逆」

以前、フィンやマスクといった物に対応する記号（「⊥」「R」）を理解することはできたが、その逆はできなかった。

それから一〇年。ふと思いついて、もう一度同じことをやってみようと思った。ナックに、まず物（フィンまたはマスク）を見せた後、記号（「⊥」または「R」）を選ばせた。これは一〇年前にできた試行。そして、その逆に、記号を見せてフィンとマスクを呈示してみた。一〇年前はさんざん悩んで混乱し、正解できなかった試行である。

ところが奇跡が起きた。

一〇年前にあれほど悩んでできなかったのに、今回はいとも簡単に正解した。「⊥」を見せると迷うことなくフィンを選び、「R」を見せたらすぐにマスクにタッチした。こうして高い正解率で、記号から物を選ぶことができたのである。もう、一人で大拍手した。

もちろん、前回失敗してからのこの一〇年、この試行は一度もやっていないし、そもそも私の研究として企画された実験であるから、ショーでやることもない。つまり、この一〇年、まったくナックはこのような試行をやっていなかった。それなのに……である。

何が起きたのだろう。

もともとナックはふだんは水中ショーに参加しており、そこではイルカの能力を紹介するパフォーマンスが行われている。物を選んだり、識別したりといったことをやってきた。また、私の研究でもナックはさまざまな認知の実験を経験している。

長年、こうしたことを経験するうちに、ナックはどこかで物を逆に考えるという発想を会得したのではないだろうか。何度も複雑な実験やショーの種目をこなすうちに、何かの試行から発展的に考えついたのかもしれない。そうした試行の積み重ねが新たな能力を開眼させた。

そう、イルカだって勉強すれば賢くなるのである。

教えてないのになぜ？

初めて英語を習った人が、「アップル」という発音がリンゴのことであることを覚え、そしてそのリンゴが「ａｐｐｌｅ」というスペルであることを覚えたら、「アップル」という発音を聞いただけで「ａｐｐｌｅ」と書くことができる。

であれば、ナックにもこれをやってみないといけない。音を聞いてそれが表す記号を選べるかということ。この関係は一度も訓練していない。

ややこしいので図5をご覧になりながら読んでいただいたほうがよい。

ナックは「ピー」という音がフィンであること、そしてフィンが「⊥」で表せることは訓練で覚えている。そこで、「ピー」という音を聞かせ、目の前に「⊥」と「Ｒ」の

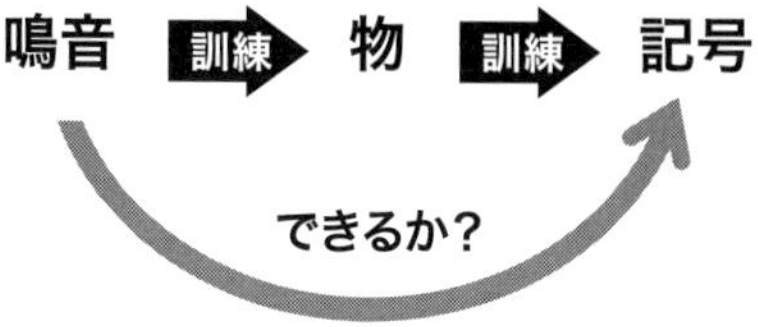

【図５】音を聞いてそれが表す記号を選べるか

記号を置いてみた。音から記号を選べるかを調べたのだが、これは初めてである。

すると、あっという間に「⊥」を選んだ。「ピー」という音と記号「⊥」の関係は訓練していないのに、何度やっても正解である。つまり、「音と物」の関係と「物と記号」の関係を理解したナックは、教わってもいないのに、直接、「音と記号」の関係を理解したのである。

簡単に言うと、「ＡならばＢ、ＢならばＣ」を教えたら「ＡならばＣ」を自発的に理解したことになる。これを推移性という。三段論法のような覚え方だが、教えてもいないのにこの関係を自発的に理解したところはヒトと同じである。

推移性はなぜ理解できるのだろう。

海に出ると、サカナの群れの上をトリがたくさん舞っていることはよく知られた光景である。イルカだってそういう光景を見たことがあるはずだ。

泳いでいて水上を飛んでいるトリの群れを見たとき、その下にサカナがいることを知っているイルカは、サカナを実際に見たわけでもないのに、きっとそのほうへ一目散に向かうに違いない。つまり、「上空にトリ→エサ（サカナ）」という関係である。

例えば、こんなふうに一方向に推移するということが生態では日常的に起きていると考えてもおかしくはない。

また、その逆もやってみた。記号を見せて鳴けるかということ。対称性の関係である。ナックに突然「⊥」を見せたら「ピー」と鳴き、「⋀」を見せたら「ヴォッ」と鳴いた。正解。これも教えてもいないのに、記号から音の関係もできた。

ランダムに混ぜても

私たちは、ふだん、物を文字で書いたり、文字を発音したり、あるいは物を見てその名前を口にしたりということをランダムに行っている。

であれば、ナックにもこれまで個々にやってきた種々の種目をランダムに混ぜてやってみなくてはならない。これまでの種目ができたのは、一つ一つ個別に訓練してきたからかもしれず、それがすべて混ぜこぜになってもできなければ、本当に理解したことにならない。物を見て鳴き分け、記号を見て対応する物を選び、かと思うと音を聞いて物を選ぶ。そしてまた……という具合である。

さて実験。

これまで紹介してきた種目がくるくる変わって次々にナックに呈示される。しかし、ナックは混乱することなく、淡々と正解していく。物を見せられれば記号を選ぶし、音を聞かせたら対応する物を選ぶ。記号を見せたら、対応する音で鳴く。ほとんど間違えない。

これでナックはフィン、マスク、バケツ、長グツの四つの物を、音で呼ぶことも、それらを表わす記号を理解することもできた。さらに、その記号が表す物やその記号の呼び方も理解した。

つまり、視覚と聴覚を融合して、それらの四つの物の名前を覚えたと言うことができる。

ここですごいのは、訓練したのは一部の関係（図6のグレーの矢印）だけなのに、ナックは訓練していない関係（図6の白い矢印）まで自然と理解していたこと。

実は、こうしたことは私たちヒトが物の名前を覚える覚え方と同じである。ヒトも視

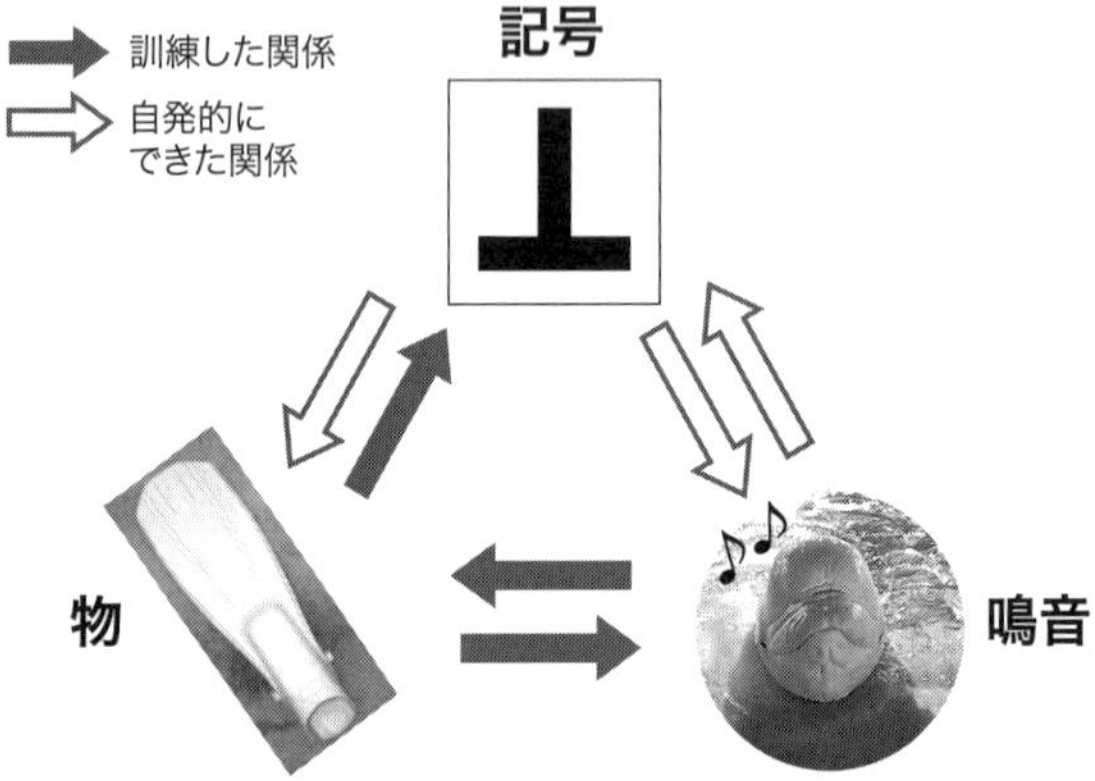

【図6】視覚と聴覚を融合して「物の名前」を覚える

覚と聴覚を融合して物の名前を覚え、一部を学習すれば、それ以外の関係もいちいち教えなくても自発的に理解している。

ちなみにほかの動物と比べてみると、チンパンジーでは図形文字を用いて言語研究が進められてきたが、これは物と記号（図形文字）、すなわち視覚刺激どうしで理解させている。

また、オウムの言語研究では、オウムにヒトのことばで話しかけヒトのことばで答えさせているので物と音を結び付けている、すなわち物を聴覚で対応させている。

これに対して、ナックは眼で見た物を音で表したり、音で聞いた物を視覚で選んだりと、視覚でも聴覚でも対応させているところがこれらの動物とは違っている。

こうしてナックがヒトと同じようなメカニズムでことばを覚えることができたことは毎日新聞夕刊の一面に「イルカ能力 人間並み」という見出しで掲載され、ナックの言語研究が広く紹介されることとなった。

ほめれば伸びる

ところで、こんなふうに物を記号で表したり、音を聞いて記号を選んだりなどということはイルカにしてみたらみな複雑で面倒なことばかり。もちろん、生まれつきできたわけはないし、彼らのふだんの暮らしでも出てこないし、生きていく上で必要でもない。まったく関係のないことである。

にもかかわらずこのような複雑なことができるようになったのは、簡単なことから始めて、成功したら少しずつ難易度を上げ、そうしてここまで理解してきたからである。すでに述べたように、認知の実験であれ、ショーのトレーニングであれ、動物の訓練はだいたいこういうやり方でやっている。

そして、こうした訓練では成功すればエサなどの報酬を与えて強化してきた。ムチや電撃を与えたわけでもなく、ひたすら「成功したらエサ」の繰り返し。言い換えれば、成功したらほめるだけ。それだけでこんな複雑なことまでも理解できるようになる。

そう、イルカだってほめれば伸びるのである。

さて、一年のうち実験できる期間が限られているため実験の間隔があいてしまうということはすでに述べたとおりである。ナックの場合は、一一月に実験が終わり、再開が翌年六月などということもよくある。その間、七か月。こんなに時間があいては、こんな複雑な実験は忘れてしまっているだろうと想像する。

さて、久しぶりにナックに会って、七か月前に終わった試行をやってみる。物を見て鳴いたり、記号を見て物を選んだりという複雑な試行である。しかし、ナックはほとんど間違えることなく、そういう課題をこなしていく。とても七か月ぶりとは思えないできばえである。

七か月間、まったく訓練もしていないし、ふだんのショーでもこんな試行はやらない。また、こういう実験のような行動は彼らの日常生活でお目見えするようなものでもない。それなのに七か月たってもほとんど間違えることなく、覚えている。

動物の脳で記憶に関与しているのは海馬という場所である。脳の奥深いところにある。

実はイルカの海馬は他の動物よりも大きいとされている。もしそうなら、なるほどナックの記憶がいいのも当然である。

ただ、そんなナックもたまには答えに窮するときがある。

記号を見せて対応する鳴き方をさせる実験をしていたときのこと。ナックに記号を見せてもすぐには鳴けず、明らかに迷っている。すると横にいた「マーシャ」（メスのシロイルカ。ロシアから来た）が「ピー」と鳴いた。これが正解。たまには隣のイルカが助けてくれることもある。でも、マーシャには一度も教えたことないんだけどなあ。いつ覚えたんだろうか。

何からマネさせよう？

さて、ナックはこうして名詞を覚えたので、次は「模倣」である。

他人のことばや動作をマネするのは簡単なようにみえる。しかし、マネとは、相手のすること（動作であれことばであれ）を感覚し、認識し、そして記憶する。それからその記憶されたことを思い出して正確に再現し、それを筋肉の運動神経に伝えることである。実に複雑な仕組みなのだ。

そうしたマネを動物はできるのか。

イルカでは、サメの泳ぎ方をマネしてほかのイルカを威嚇したとか、水族館でガラスの外にいる人がパイプの煙を口から吹くのを見て、子イルカが口にふくんだ母乳を吹きだし、そのマネをしたという例がある。

また、ヒトの動きをマネすることもできる。前にも少し触れたが、ハーマンが行った実験では、ヒトがプールサイドを歩くと立ち泳ぎでついてくる、ヒトがその場で回るとイルカもその場で立ち泳ぎしながらくるくる回る、そしてヒトが寝そべって脚を上げるとイルカも浮かびながら尾びれを上げる……そっくりマネをする。ヒトの動作をここまでマネする動物はいない。

音も同じ。野生のイルカがほかのイルカの鳴音をマネしていることはよく知られている。そうならばほかの音はどうだろう。そこでナックにことばを教えるのに必須な音の「模倣」を訓練した。

何からマネさせよう。

いろいろな音を考えたが、なかなか決め手がない。でも、思えばマネするのが一番簡単なのは自分の声（正確には声ではないが）である。同じことをただ言うだけでよいのだから。そこでナックにはすでに学習したフィン音（フィンを見せたときに発する鳴音。以下についても同じ）、マスク音、バケツ音、長グッ音をマネさせることにした。

いつものようにスピーカーからそれぞれの音を流してみる。そして、ナックがそれと同じ音を発したら合格で、エサをあげて強化する。

まず、フィン音とバケツ音をマネさせたが、案の定、ほどなくフィン音もバケツ音もマネができるようになった。そこで、マスク音のマネを追加すると、はじめは全くできなかった。鳴かないか、ほかの音を出す。しかし、ある瞬間から、突然、マネができるようになった。

ナックはたいへん賢い。自分が何を要求されているのかを理解すると、あっという間にできてしまう。つまり、ナックは呑み込みが早い。このマスク音も、自分がこの音をマネするのかということに気づいた途端に成功した。

最後に長グッ音のマネをさせたが、これはほとんど時間をかけずに成功した。

さて、ここまででナックが自分の鳴いた音を模倣できることがわかったが、では、ほかの音はどうか。マネできるのが自分の声だけだと困るので、ほかの音でも試してみないといけない。

呈示したのはコンピューターで作った二種類の合成音。合成音なので「変な音」、つまりふだんの生活には存在しないような音である。

それをナックに聞かせてみると、はじめはあれこれ失敗したが、最後にはいずれの音についてもマネに成功した。聞いたことがないような（変な）音でもマネをしたことから、ナックは聞こえた音をマネすることができることがわかった。

「ツカサ」に失敗して

このころになると、ナックはいろいろな音をマネできるようになっていた。お客さんの歓声やトレーナーのくしゃみまでマネしてみせた。

ヒトのことばもマネしている。そこで、本当にそれがマネをしているのかを調べるため、改めていくつかのことばを聞かせてみることにした。

ナックに聞かせたのは「はははは……」「ほう？」「あわわわ……」「デューク」（当時、同じ水槽にいた個体の名前）「おはよう」「ピヨピヨ」「ホーホケキョ」「おう」の八つ。トレーナーがこれらの音を声に出して言ってみると、ナックは簡単にマネができた。おそらくこれらはふだんからマネしているからであろう。

そこで最後に「ツカサ」と言ってみた。そう、私の名前。実は、これがポイントである。この「ツカサ」はこのときトレーナーに頼んで、突然、やってもらった。つまりナックにとっては初めて聞くことば。それを聞かせたらどうするかと思って、不意打ちでナックに聞かせたのである。

ナックは「ツカサ」に対して、

「ウワゥ」

といったことばを発した。全然、「ツカサ」に聞こえない。失敗。

しかし、そのまますぐにもう一度「ツカサ」とトレーナーが言うと、今度はきれいに「ツカサ」とマネしてきた。成功である。

ナックは、最初の「ははははは……」「ほう？」などの八つは何度か聞いていたので、聞きなれたことば、マネし慣れたことばである。しかし、そこで突然、初めて聞く「ツカサ」を言われたので、まず戸惑った。しかし、「マネをしなければならない」ということがわかっているので、思わず発したのが「ウワゥ」という音になった。

しかし、ナックはすぐに続けて再度出された「ツカサ」に対しては、今度はきれいにマネができた。

実はナックは間違えるとそれを理解して修正しようとする。だから、一回目はいきなりで混乱したが、二回目はそれを修正して落ち着いてマネができた。ナックはふだんからこうして行動を修正することがよくあるので、今回のマネもきっとそうである。でも、動物に自分の名前を呼んでもらうというのはちょっとうれしい。

なお、ここで実験した九つのことばの波形を調べると、ヒトが呈示した声の波形パターンとナックの模倣音の波形パターンが極めて似ている。少なくともナックはヒトのことばをマネをしようとしていることがわかる。

この成果は国際的な雑誌に論文として掲載され、毎日新聞の夕刊一面で「イルカ『しゃべった』」として紹介された。

オウムや九官鳥と違うところ

ナックがマネできるのはここで挙げたものだけではない。いろいろな声や音をマネする。ナックに向かってトレーナーが「ババババババ」と言うと、ナックも「ババババババ」とマネしてくる。

こうしたとき、マネをしてもエサは与えない。というか、正確にはエサを与えなくても何度でもマネしてくれる。こちらをじっと見つめて、次のことばを待っているよう。どうやらナックは遊んでいる感覚らしく、楽しくてしかたがないというように見える。

ヒトのことばをマネする動物と言えばオウムや九官鳥が有名である。オウムや九官鳥はよく誰もいないところで「コンバンハ」とか、テレビの取材カメラマンに向かっていきなり「かあさん、めしにしてくれ」といったようなことを言ったりする。

しかし、ナックが誰もいないところでひとりで「ピヨピヨ」とか「ホーホケキョ」と言うことはない。ナックはこちらがナックに向かって音を発したり、語りかけたときだけマネして返してくる。すなわち、文脈を理解して模倣している。そこがオウムや九官鳥と違うところである。

では、ほかのイルカも同じようにマネができるのか。

シロイルカだけでなく、ほかのイルカもさまざまな音を発することができる。しかし、残念ながら、シロイルカほどのバラエティはない。かつて前出のJ・C・リリィがバンドウイルカにアルファベットを言わせようとしていたが、あまり上手にマネができているとは言えなかった。

シロイルカは「海のカナリア」と言われるように、実にさまざまな鳴音を発する。甲高い音や低い音、澄んだ音や濁った音、長い音や短く切った音など、さまざまなレパートリーがある。屋内でシロイルカを飼育しているところにいると、ひとたび鳴きはじめると大音響の合唱で、ヒトの声も聞こえないほどになる。

シロイルカにはそんなさまざまな「鳴き声」があるので、ヒトの声を器用にマネできるのかもしれない。

かつてアメリカの研究施設で、やはりシロイルカがヒトの声をマネしたという報告があった。英語のパターンによく似た抑揚の発音をしていたが、どんなことばを言っているのかまではわからなかった。また、最近、フランスでシャチがヒトの声をマネして話題になったが、マネの正確さはナックに軍配が上がる気がする。

「記述式」と「マークシート式」

このようにナックはいろいろな音をマネする。トレーナーがプールサイドでなにげなく近寄ってきたナックに「語りかける」と、機嫌がいいとそれをマネしてくる。だから、おもしろがっていろいろなことばを言って、マネさせようとする。前述した「バババババババ」もそんな一つ。

以前、動物の鳴きまねで有名な二代目江戸家小猫さんが、プールサイドでナックと音の掛け合いをしたことがある。

小猫さんがいろいろな指笛をナックに聞かせると、ナックはおもしろがって次々と鳴き返していた。はじめは小猫さんの指笛をマネしていたのが、次第に「じゃあ、この音はどう？」と言っているように、ナックのほうから小猫さんにマネをしかけてくるようになり、見ていて楽しかった。

ところが、これがいつもの実験の定位置に呈示装置をセットして、その正面に待機したナックにことばをかけると様子が違ってくる。ナックにいろいろな音やことばを聞かせても、ナックは「フィン音」「マスク音」「バケツ音」「長グツ音」のどれかでしか返してこない。どんなに違うことばを言っても、返すことばはその四つのうちのどれか。

おそらくナックは、ふだん、プールサイドなどで聞かせた音には、遊びのつもりで自分なりの音でマネて返そうとしているのだろう。間違えたらリトライして、何度も返してくることもある。試験で言うなら、自分で思った好きな音でマネしようといった記述式解答のようなもの。

しかし、実験の定位置でこちらの音を待つときは、すでに頭は実験モード。だからマネする音も、実験のときの四つの音（フィン音、マスク音、バケツ音、長グツ音）のどれかから答えようと、なるべく近い音を探して〝解答〟する。どんな音を聞かされても、この四つの音でしか返してこない。決められた選択肢から必死で問題に近いものを探しているのは、さながらマークシートの試験のよう。

ナックはすごいなあ。ここでまた感心。

さて、こうしてマネができるようになったナックであるが、今後はその意味を教えて、ヒトのことばで会話ができないかと考えている。それを、上述した記号や鳴音を介したことばの理解に絡めて、より複雑な会話ができたらいい。

「イルカと話す研究」は、ここから急な上り坂に入っていく。

次の課題は「動詞」

ことばを教える研究はようやく名詞を覚えたところである。しかし、それだけでは会話でもなんでもない。私たちが日常話しているのは「文」である。だから、イルカにも文を教えなければならない。

つまり次は「動詞」。名詞と動詞がつながれば、そこで「文」ができる。それで最低限のやり取りはできるかもしれない。

でも実はそう簡単ではない。名詞と動詞では大きな差があるみたい。目の前の対象物に何かでラベルを貼るのが名詞。しかし、動詞は自分自身のふるまいにラベルを貼ること。しかも、名詞と違って何か形あるものでもない。それが全然難しいのだ。

時間もどんどん限られてきたが、なんとかそこまでいきたい。

でもまだまだ山は登りはじめたばかり。振り返ると麓がまだそこに見える。頂は、はるか先である。

間に合うだろうか。

11　イルカから教わったこと

イルカが持つ「ヒトらしさ」

海にいてこそイルカ。多くのイルカ研究者はそこから研究に入っていく。船に乗って大海原でイルカを探し、あるいはウエットスーツとタンクを身に着け、水中に身を投じていく。

しかし、そもそも生まれつき船に弱い私はアプローチが違う。海に行かないで海の生き物の研究をしてきた。

「イルカと話したい、そうだ知能を研究しよう」

しかし、独学なので、やり方も何もわからないし、他に同じような研究をしている人もいないから情報交換もできない。これでいいのかという自問自答の研究人生である。

でも、それがよかった。知らないことばかりなのは何をしても新鮮である。

イルカも飽きたり、嫌になったりする。あるいは、正解してもエサがもらえないと戦意喪失するイルカがいたり、ひらきなおるシャチがいたりと、なんだ、子どもが駄々をこねるのと似ているじゃないか。

イルカの能力もさることながら、これがイルカの「ヒトらしさ」である。

そんな、外からでは見えない・わからないことを調べることは苦労する。でも「えッ？」と思う新たな発見やイルカの意外な一面に一番最初に遭遇できる。

思えば、かつての日本の大学にはイルカを専門に研究している研究室がなかったので、私が大学に赴任した当初は、研究内容についての興味より「イルカが好き」「水族館が好き」といったことや「とにかくイルカの研究がしたい」といった漠然とした動機で私の研究室を希望する学生が多かった。

しかし、最近は様相が変わってきた。

私の研究内容に興味を持ち、多くの学生が研究室の門をたたいてくる。

なかには「自己認知」「人工言語」といった具体的な言葉を駆使してやる気をアピールし、もっと科学的にイルカの「心」を知りたい、触れたいといった気概を持つ頼もしい学生も現れている。

入学の時からそういう研究をやると決めている人ばかりが集まってくるので、研究室では学生同士の話題も共通で、それがまた彼ら・彼女らのモチベーションを高めている。実験の内容が決まると、各自、それぞれに実験の準備を始める。過去の文献を読んで方法を復習したり、実験資材を工作したり、あるいは実験場所へ送る資材の荷造りもたいへんだ。

こうした実験で学生はどんなところに感動するのか。

「一番印象に残っているのは実験初日のこと。やはり動物と対面した時が一番、これから実験をするんだという実感と期待が膨らみました」「初めて実験を行った時、論文で読んでいたことを実際に自分の目で見た時は本当に驚きました」「想像以上に動物が応えようとしてくれたことや自分が頑張って作ったターゲットにイルカがタッチしてくれた時がうれしかったです」「実験がうまく進まなくなった時に、自分とスタッフのアイデアで状況を打開できたことです」「実験の合間に『何してるの〜?』という顔で動物が近付いてきてくれる時が癒されました」

自分がやりたいことにたどりついた学生たちの感動はさまざまであるらしい。私ひとりではなかなか「研究分野のすそ野を広げる」とまではいかないが、野生の研究が盛んなこの世界で、認知の分野に興味を持ったこうした学生たちの挙げた成果のおかげでこれまで知られていなかったイルカの賢さが明らかになっている。これで少しは「研究のすそ野」が広がったのだろうか。

ちょっと大げさに言うならば、日本で最初のイルカの知能の研究者として、ここまで更地だったところにそういう研究の下地は造れたかもしれない。あとはそこに研究のレールを敷いてくれる後継者が育ってくれたらありがたい。

「ナックが威嚇するのは、村山さんだけ」

ところで、イルカと長く付き合っていると心は通じるのか。

本書で紹介してきたナックは、もちろん水族館の持ち物であり、私のものではない。でも、いっしょに研究して三十余年になる。いろいろなことをしてもらい、いろいろな成果も挙げてくれた。そして、今はことばの研究に携わっている。

ナックの、どこか気高そうで凜とした雰囲気は、初めて出会ったころと少しも変わっていない。いかなる難題にも挑戦し、応えてくれる「スーパーベルーガ」(「ベルーガ」はシロイルカの英名)である。

そんなナックってとてもかっこいい。

「ナックとそんなに長いなら、もうお互い理解し合ってますね」

「もう心が通じ合ってるんじゃないですか」

周りの人からそう言われることも多い。

本書8頁に載せているのは、ナックの写真。シロイルカのトレーニングをした人ならわかると思うが、思いっ切り怒っている顔である。ナックを撮ろうと思ってスマホを向けただけなのに、いきなり怒られた。

ふだんプールサイドでナックを呼んでも、まず来ない。それではと思い、「おいで」と、手を広げてさしのべていると、じっと見つめて、歯を鳴らしたり（歯を鳴らすのは威嚇である）、噛んできそうになったりする。

それでもなお呼び続けていると、口をあけながらずぶずぶっと顔を半分水中に沈めたかと思うと、いきなり口の中いっぱいの水をかけてくる。

口からぴゅーと吹きだして、なんてもんじゃない。口の中にため込んだ大量の水を一気に掻《か》い出すようにかけてくる。こちらはもんどりうって逃げる。

「ナックが水中で他のシロイルカやダイバーを威嚇しているのはよく見ますが、陸上にいる人に向かって威嚇するのは村山さんにだけです」

ナックのトレーナーからそう聞かされた。私に対しては眼つきも違うらしい。複数のトレーナーがそう言うので、どうやら本当らしい。

とにかくナックには怒られてばかり。全然嫌われている。

どうしてそんなに怒るのかわからない。ただ、実験で動物を動かすのはトレーナーなので、私は何にもしない。いつも実験をただ横で見ているだけで、エサもあげない。しかし、私のことは識別・認識しているらしい。ほかのトレーナーの方々もそう言う。

ナックが怒るのは、たぶん、私が何もしないから。おかしな訓練をさせられている横でいつも腕を組んで眺めてるこいつ……そんなところかも。でも、全然平気。

ナックには怒られてばかりだが、もし本当に私を認識しているとするならば「嫌いな奴」ということになる。こういう心の通じ方もあっていいと思う。

言葉はなくても、ふれ合ううちに気持ちが透けて見える、心が伝わる瞬間がある。

代わりのいないパートナー

研究者がいつから研究者になったかは人それぞれ定義が違う。

大学院に入学したとき、初めてサンプルを取りに行ったり実験をしたとき、研究機関や大学に就職したとき、いろいろなタイミングがある。私は初めて自分の研究成果を学会に発表したときを研究者のスタートとしている。平成元年（一九八九年）だった。それから三十余年に及ぶ飼育下のイルカを使った研究によって、動物はどういうものかが少し理解できた。

研究では、水族館でも動物園でもそして研究者にとってもヒトと動物が対等な関係にあって初めてそれぞれが成立している。飼育動物はペットでもなければ、実験材料でもない。こうした動物たちは「パートナー」である。対象個体の履歴も性格もみな心得て、だからその個体で研究をする理由が生まれる。誰でもいいわけではないし、代わりがいるわけでもない。

もちろん、ここまでナックのほかにもたくさんのイルカたちと出会ってきた。接した時間は長短様々なれど、みんな相棒、同志、そしてマイドルフィンたち。性格もいろいろで実験には気を使うけど、それはヒトの社会と似ている。

そんなイルカたちから教わったことがある。

高校時代に一本の映画を見て人生を決めてしまったことは少し変わっていたかもしれ

ない。思い返せば、決して楽ではなかった道のりだが、でも、そういう覚悟だったから、そんなことは当たり前。苦でもなんでもない。ずっと「研究したい」「イルカと話したい」「きっとできる」という信念と情熱が背中を押してくれた。

そして今、長い間追ってきた「夢」が、ほんの一部だが、かない始めている。

はじめたころは、周囲からは、

「無理でしょ、そんなこと」

「イルカショーの訓練を研究してどうするの？」

などと冷たい感想しか聞こえてこなかったのが、最近は、

「それでどうなったの？」

という声を耳にすることがある。

夢中で駆け抜けてきたこの途。努力を続けていれば「夢」はいつか「目標」に変わり、手に取れるところまできている。私の選んだ道はそんな人生。

そして、「あきらめずに努力すれば、夢はかなうことだってある」。

そう気づかせてくれたのは、ほかならないイルカたちである。

イルカが教えてくれたことである。

おわりに——一日があと三時間長かったら

あー、楽しかった。

ここまで私がたどってきた三十余年間の研究の歴史を書き綴ってきた。これはそんな自分の歩んだ途をあらためて振り返った率直な感想である。

本当にいろいろな人にお世話になり、支えてもらいながら研究をしてきたと思う。また、大学で職を得てからは学生たちにも大いに力になってもらった。

書きながら時を遡っていくといろんなことが思い起こされるし、まだ若くて、バイタリティのあった時代に気持ちもタイムスリップする。若い時代というのは失敗ばかりだが、決して苦労自慢をしているのではない。たいへんなこともたくさんあったが、楽しいことも多かった。楽しい時代の話は楽しく話したい。

決してメジャーなテーマではない飼育下のイルカの研究。何年たってもファンの増えない研究分野。しかし、一つのことを長く続けていることで伝えられること、伝わるものはあると思う。

研究者になってからこれまでどのくらいのテーマの実験をしてきただろうか。ここに書ききれないことがたくさんある。そして、それと同じくらいやりたいこと、やり残したことがある。だから、まだまだ研究はやめられない。

ああ、私がもう一人いたらなあ。

せめて一日があと三時間長かったらどんなにいいだろう。

「イルカと話したい」

そういう夢をもってから、もうずいぶん時間がたってしまった。これからも物言えぬ動物たちの心を知り、理解する研究を続けていきたい。そうすれば、イルカと話せる日もそう遠くないはず。

そんな見果てぬ夢の続きは、またいつか。

本書を書くにあたって、新潮社「週刊新潮」編集部の吉澤弘貴氏にはたいへんお世話になった。吉澤氏とはタレントのビートたけしさんとの対談がきっかけだが、おかげでこうして自分史のような本をまとめる機会をいただき、たいへん感謝している。また、同じく新書編集部の門文子氏には編集でいろいろお手数をおかけした。自分が書きたいことだけでなく、読者の目線に立って中身を深めてくれるアドバイスをいただき、とても参考になった。

私の研究は多くの水族館の方々、知人、友人そして家族に支えられてきた。しかし、最も貢献してくれたのは、ほかでもないナックをはじめとする多くのイルカたちである。

みんな、これからもよろしくお願いしますね。

写真、図版提供＝筆者
図版製作（209頁、212頁）＝ブリュッケ

村山　司　1960（昭和35）年生まれ。東京大学大学院博士課程修了、博士（農学）。水産庁水産工学研究所を経て、東海大学海洋学部教授。イルカの視覚能力や認知機能解明に取り組む。近刊に『シャチ学』。

Ⓢ新潮新書

923

イルカと心《こころ》は通《つう》じるか
海獣学者《かいじゅうがくしゃ》の孤軍奮闘記《こぐんふんとうき》

著者　村山《むらやま》　司《つかさ》

2021年9月20日　発行

発行者　佐藤隆信

発行所　株式会社 新潮社

〒162-8711　東京都新宿区矢来町71番地
編集部(03)3266-5430　読者係(03)3266-5111
https://www.shinchosha.co.jp
装幀　新潮社装幀室

印刷所　株式会社光邦

製本所　加藤製本株式会社

ISBN978-4-10-610923-2 C0245

価格はカバーに表示してあります。

Ⓢ新潮新書

423
生物学的文明論
本川達雄

生態系、技術、環境、エネルギー、時間……生物学的寿命をはるかに超えて生きる人間は、何を間違えているのか。生物の本質から説き起こす、目からウロコの現代批評。

643
宇宙を動かす力は何か
日常から観る物理の話
松浦壮

複雑な世の中をすっきり理解してシンプルに生きる知恵、それが物理だ。若き素粒子物理学者が数式ゼロで解説、AKB48総選挙の話を読むうちに相対性理論まで分かる特別講座、開講！

685
爆発的進化論
1％の奇跡がヒトを作った
更科功

眼の誕生、骨の発明、顎の獲得、脳の巨大化……進化史上の「大事件」を辿れば、ヒト誕生の謎が見えてくる！　進化論の常識を覆す最新生物学講座。

850
210日ぶりに帰ってきた奇跡のネコ
ペット探偵の奮闘記
藤原博史

「おかえり！」ペット専門の探偵は、家族再会のドラマを目撃した。実話7つを紹介、生き物を愛する全ての人に役立つ「万が一のための備え」と「捜索ノウハウ」も明かす奮闘記。

879
「池の水」抜くのは誰のため？
暴走する生き物愛
小坪遊

外来種退治、放流、餌やり――その善意は、悲劇の始まりかもしれない。人気テレビ番組の盲点から自称プロ、悪質マニアの暗躍まで、知られざる〝生き物事件〟を徹底取材。